沪派江南营造系列丛书

上海乡村聚落风貌调查纪实
崇明卷

上海市规划和自然资源局 ｜ 编著

上海文化出版社

陈家镇裕丰村鸟瞰（2016年8月陆一摄）

前言

　　6000年前，活动在上海古海岸线"冈身"地带的早期先民，开创了发祥于崧泽文化、广富林文化的上海古代文明。历史长河漫漫，千百年沧海桑田，在万里长江滚滚东流、奔涌向海和海岸潮汐的共同作用下，陆海交融、消长共生，海岸带持续向东延展，逐渐形成如今上海脚下的土地；伴随"三江入海"到"一江一河"的地理格局变迁，勤劳的上海先民耕耘稼作、治水营田，在这片土地上留下了依水而生、人水共荣、特征明显、丰富多元的江南水乡印迹，创造了独具特色、底蕴深厚的江南水乡文化。"滩水林田湖草荡"的蓝绿空间、落庠屋绞圈房的田舍人家、浦江上游的三泖九峰、本土特点的历史文化和风土人情，绵延千百年始终保持着独特的个性和魅力，成为镌刻上海乡村文明形成、变化和演进的轨迹与年轮。

　　2023年6月初，在上海高校智库关于《"传承海派江南民居文化基底，构建上海特色的新时代农村村容村貌"专家建议》中，上海财经大学城乡发展研究院张锦华研究员、上海交通大学设计学院建筑学系黄华青副教授提出要保护传承上海江南水乡基因和民居文化基底，塑造富有时代特征、彰显区域特色、蕴含传统文化价值的乡村特色风貌。市委、市政府高度重视专家建议，明确要深入学习贯彻习近平生态文明思想和文化思想，落实党的二十大精神，聚焦中国传统文化传承和上海特色水乡风情文化保护，守正创新，提高认识，专题部署开展上海江南水乡特色风貌和乡村传统文化保护传承调研和规划工作。按照市委、市政府总体工作部署，7月起，上海市规划和自然资源局会同市级相关部门、各涉农区政府，组织开展全市特色民居和村落风貌调研普查工作。

　　调查范围覆盖全市9个涉农区、108个镇（乡、街道）、1548个行政村，调查内容涵盖村域空间、聚落肌理、建筑风貌、历史文化等乡村要素，同时还重点关注乡风民俗、传统手工、匠作流派等非物质文化遗存。调研普查工作团队由上海市城市规划设计研究院牵头，包括上海同济城市规划设计研究院有限公司、中国城市规划设计研究院上海分院、上海市浦东新区规划设计研究院，中国建筑上海设计研究院有限公司、华建集团华东建筑设计研究院有限公司、华建集团上海建筑设计研究院有限公司、同济大学建筑设计研究院（集团）有限公司，同济大学、上海交通大学、上海大学，上海市测绘院，以及乡村责任规划师，共计约300人，组成4个空间规划团队、4个建筑设计团队、3个高校团队联合测绘团队和乡村责任规划师团队分组展开调研。每个调查小分队至少有1名规划师、1名建筑师、1名高校学生共同参与，各个村庄的乡村责任规划师均全程参与调研普查。

　　调研普查正值盛夏，在市、区、镇（乡、街道）、村精心组织和保障支持下，各团队克服高温、暴雨、台风等恶劣天气影响，各展其长，协同配合，经过2个月的努力，通过现场踏勘、资料收集、问卷调查、专题研讨、座谈交流等多种形式，访谈村民4000余人，召开座谈会1600余场，拍摄照片5万余张，最终形成1548个行政村调查报告、村庄"写真集"、9个涉农区"一区一册"普查成果、200G地理资料数据，并通过全景三维影像制作和三维建模等技术手段，多维度呈现调查成果。

调研普查过程中，规划师、建筑师、高校学生深入上海郊野乡村、田间地头，用一篇篇调查笔记、手记，记录了一处处特色风貌，捕捉到一个个生动画面。在风土感知、文史溯源、访谈座谈、交流研讨、观点碰撞、驻村工作中，发现了一批具备典型沪派特征的自然风貌、村庄聚落、乡村建筑和非物质文化遗存，形成了以古村、古建筑、古树、古河道、古街、古井、古庙、古风等"八古"特点的风物传奇系列成果，孕育、回溯、记忆、存留、传承、孵化、创新了上海乡村风貌文化发展和振兴的理想与信念。

在调研普查取得宝贵的第一手资料基础上，我们集中研究编制了《上海市特色村落风貌保护传承专项规划》，明确保护传承的目标任务和要求，并集中开展行动。同时，我们组织力量进一步提炼总结，编撰完成《沪派江南营造系列丛书》之《上海乡村聚落风貌调查纪实》，包括1本全市总卷和9本涉农区分卷。其中，总卷描绘了上海乡村地区发展的历史成因和地理空间基因，全景勾勒上海特色村落格局、建筑风貌、历史要素、风俗人文，以及调研组织概况；9本分卷聚焦9个涉农区自身特色特征，生动展示上海乡村丰富多元的景观人文风貌。书籍编写的过程，既是对此次调研普查从组织到成果编制技术方法的归纳，更是对上海乡村经济价值、美学价值、生态价值、社会价值等多元价值的再认识和再发掘。

习近平总书记多次强调，乡村文明是中华民族文明史的主体，村庄是这种文明的载体。党的二十届三中全会指出，中国式现代化是物质文明和精神文明相协调的现代化；必须增强文化自信，传承中华优秀传统文化。深入学习贯彻党的二十届三中全会精神，按照十二届市委五次全会要求，进一步全面深化改革、在中国式现代化中充分发挥龙头带动和示范引领作用，切实践行习近平生态文明思想，全面推进各项工作落地行动。在城市文明高度发达的今天，我们怀着敬畏之心，以朴实的手法、真切的调研，真实记录现代化进程中上海乡村依然保留着的特色肌理地脉和鲜活历史文脉，为每个特色乡村聚落及要素留下一张"写真画像"，以期为后续学术研究、决策咨询和各类规划编制提供依据和参考。

上海乡村历史悠久、志记繁杂、要素多元，限于编者的视野和专业能力，难免有以偏概全、疏漏错误之处，敬请批评指正。在此，谨以此丛书向所有参与、支持此项工作的专家、学者、设计师、个人以及各相关单位和社会各界表示真诚的感谢！向参与此工作的市、区、镇（乡、街道）、村各有关方面和广大村民给予的大力支持表示衷心感谢！

上海特色民居和村落风貌调研普查工作只是一个起点，一片充满独特魅力和活力的土壤，一颗即将破土萌发沪派江南的种子。我们期待同社会各方一道，携手共进，共同塑造上海水乡意象，守好上海乡村历史文脉，在传承和弘扬乡村文化和中华文明的大道上不断前进，守正创新，繁花似锦。

丛书编写组
2024年8月1日

目录

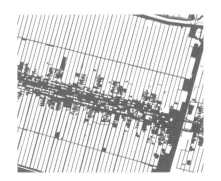

江畔, 庙镇 (顾勤摄)

01

崇明区空间 地理概况

地理演变与乡村发展
乡村风貌的特征分类

1.1 地理演变与乡村发展

1.1.1 区域概况

崇明区位于东海之滨长江入海口，三面环江，一面临海，西接长江，东濒东海，南与浦东新区、宝山区及江苏省太仓市隔江相望，北与江苏省海门市、启东市一衣带水，素有"长江门户"之称，亦有"东海瀛洲"的美誉。崇明区行政辖区范围面积2494.5平方公里，其中陆域面积1413平方公里，包括崇明岛（上海行政范围部分）陆域面积1269.1平方公里、长兴岛陆域面积89.5平方公里和横沙岛陆域面积54.4平方公里，下辖16个镇和2个乡（包括城桥镇、堡镇、新河镇、庙镇、竖新镇、向化镇、三星镇、港沿镇、中兴镇、陈家镇、绿华镇、港西镇、建设镇、新海镇、东平镇、长兴镇、新村乡、横沙乡），267个行政村，4763个自然村。

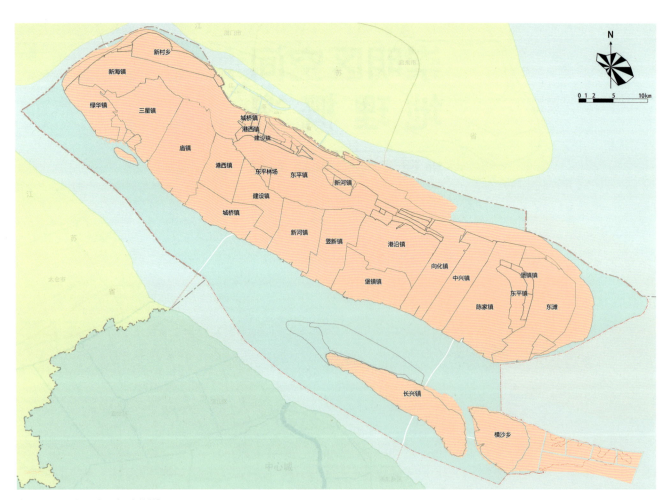

崇明区行政区划示意图（丁彦竹绘）

崇明区是全市 9 个涉农区之一，以上海近五分之一的陆域面积，承载着上海约四分之一的森林、三分之一的耕地保护空间、两大核心水源地，成为 21 世纪上海可持续发展的重要战略空间。崇明区呈现高密度、大规模的乡村型地区特征，全区约 66% 的建设用地分布于开发边界外围的乡村地区，约超过 50% 的人口居住在乡村地区。

对于崇明而言，万顷碧波、阡陌纵横、水宅相依的乡村地区，是其建设历程中最重要的空间之一，见证了崇明治水营城、耕稼渔樵、围垦开荒、保育添绿的历史进程，长期支撑并哺育了崇明的发展，也承载了一代代崇明人不可磨灭的乡愁记忆，蕴藏着巨大的生态、人文与社会价值。

崇明区行政村分布图（丁彦竹绘）

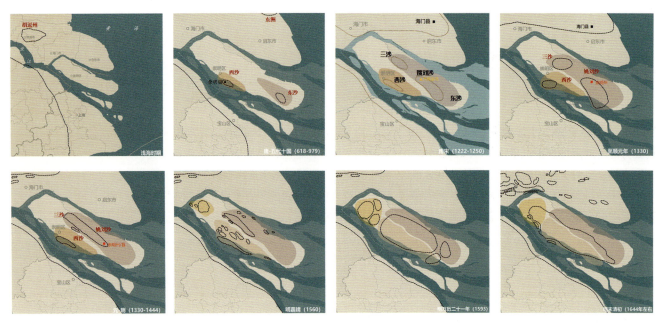

崇明地区历史地理演变图（丁彦竹、郑铄绘）

1.1.2 地理演变

数千载的潮涨沙尘，衔珠吐玑，成就了崇明世界上最大的河口冲积岛的美誉。崇明岛是新长江三角洲发育过程中的产物。近两千多年来，由于长江河口涨落潮流的作用，一面在长江口南北岸造成滨海平原，一面又在江中形成星罗棋布的河口沙洲，崇明从最初两个沙洲露出水面，至数十个沙洲涨沦不定、并连不断，最后稳定成岛，其间经历千余年的变迁。

1. 唐宋元时期，沙洲露出，呈现雏形

唐武德年间（618—626），在长江入海口处相继露出两个沙洲（史称东沙、西沙），是为崇明岛前身。东沙后与新涨出的姚刘沙接壤，并于元末明初坍没。西沙则于元末明初开始坍塌，后与新涨出的竺泊沙合二为一。唐初至元末，崇明境域内诸沙洲涨淤、坍塌、并连的情况时有发生。由明洪武《苏州府志》所绘《宋平江府境图》《元平江路境图》，可见在宋末元初时段，几沙已合并形成长度几近 50公里的一个大沙洲。

2. 明清时期，涨坍并连，最终成岛

明朝，崇明地域内诸多沙洲仍处于不停的涨坍中，先后有马鞍沙、陈恩沙、高明沙、小阴沙、长沙、袁家沙、响沙、高头沙等 30 多个沙洲露出水面。其间，姚刘沙、三沙甚至坍没；陈恩沙、西沙、樊濂沙等沙洲陷落于水；平洋沙先大涨后又大坍陷；而长沙与平洋沙的坍余部分和周边的袁家沙、吴家沙、响沙、南沙等沙洲又涨连成片。直至清初，崇明区域众沙洲在涨坍并连中逐渐连成东起高头沙、西至平洋沙，一个长 200里、宽 40 里的沙岛。

3. 晚清至民国，主岛形态渐趋稳定

晚清时，以长沙与平洋沙相互连接后为主岛形态，卧伏于长江入海口的金涛碧波之上。长兴岛形成于清咸丰年间（1851—1861），横沙岛形成于清光绪年间（1875—1908）。

4. 1949年后，围垦开拓、向荒要田

1950 年代初，崇明岛和海洋的交界处是遍地芦苇的荒凉滩涂。1960 年代，上海市委、市政府发出了"变崇明芦滩、草滩为城市副食品供应基地"的号召，集结力量渡江

奔赴崇明，向大海要土地、让荒滩变良田。根据记载，1949年后崇明岛域共围垦80余次，面积从1954年的600多平方公里增加到当下1400多平方公里，70多年间崇明岛整整长大了一倍多。勤劳的垦拓者在茫茫荒滩上垦拓出万顷农田，建设出一个个美丽富裕的海边村落。

崇明岛围垦空间分布图（1956—1984年）
（据《崇明水利志》第62—63页《崇明县围垦示意图》改绘而成）

1.1.3 建制沿革与城址变迁

由于沙洲岛屿不断涨坍并连，崇明经历了若干轮聚落形成、建置变迁、废立兴替，元朝后更有治城"五迁六建"的记载。

1. 先人来岛

唐万岁通天元年（696），诸多岛外人士相继抵达东沙和西沙，始以捕鱼打柴为生，后又开垦沙滩和荒地，时有"辟草垦土，易而为田"一说，为有记载的崇明第一代先民。宋天圣三年（1025），姚、刘两姓人士来到东沙西北侧新涨出的一个无名沙洲，开始垦荒种田，后人以姚刘沙命名此洲。宋建中靖国元年（1101），句容朱、陈、张三姓人士到姚刘沙西北侧新涨出的一个无名沙洲安居，时有"有鱼盐之利，民乐居焉"之说，后人以三沙命名此洲。元末时期，崇明境域诸多新沙洲涨出并连，各沙洲上逐步形成大小村落。

2. 城址多迁

五代天祚三年（937），吴国在西沙始设崇明镇，崇明之名始此。南宋嘉定年间（1208—1224），因崇明地处东南要害，故设边海巡检司，成为抗御外敌和内争政权的军事要地。元至元十四年（1277），于姚刘沙设崇明州，隶属扬州路。由于建制升级，知州薛文虎建造圆形的土墙州城，是崇明最早有城墙的城址。元至正十二年（1352），由于姚刘沙坍没，于东沙再次以土筑城，据记载，城池周围九里

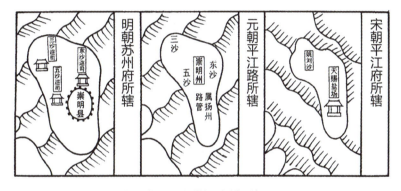

不同时期崇明行政区划示意图（据明洪武《苏州府志》绘）

多，城内建造公署、布坊巷、创办学校、立寺观。明洪武二年（1369），崇明州降为县，由此开启县治时代。

明永乐十八年（1420）东沙坍没，城址又迁至东沙城北十里处秦家符重新建城。秦家符城按旧城规制营建，起初仍是一座土城，明正统八年（1443），总督都指挥翁绍宗来崇明巡视，认为此处为江南海防要地，命令用坚硬的城砖紧固城池，在原来4座城门的基础上增设门楼、角楼各4座，城上环设警铺30间。明嘉靖八年（1529），东沙秦家符城被海潮冲刷导致坍塌，县城西迁到一水之隔的三沙建马家浜城，仍然以土筑城，此城存在时间最短，仅仅21年。

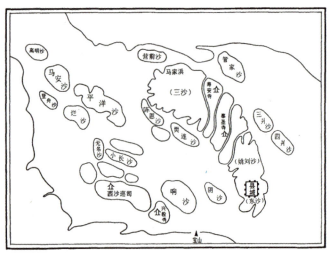

明正德年间崇明地区（据明正德《崇明县志》绘）

清末崇明地区水陆营汛地图（清道光二十三年以前《江南水陆营汛全图》，现藏英国国家图书馆）

3. 城池稳固

明嘉靖二十九年（1550），崇明迁城于平洋沙。平洋沙城经多次修建，以砖筑城墙，城东门题"东海瀛洲"，西门题"姑苏巨镇"，南门题"青龙要津"，北门题"江海朝宗"，并于城内设平洋沙巡检司，建造营房，训练陆兵和水师，屡破倭寇。明万历十一年至十六年（1583—1588），崇明县城迁于长沙（今县城所在地）。至此，崇明治城一共经历"五迁六建"，新城址"长沙"城如其名，终为百姓带来长久安宁。城池方圆 1080 丈，城墙高 2 丈 8 尺，厚 2 丈 6 尺，土城外再凿城濠，宽 10 丈，东边设水关，并设有城门 5 座，东门春晖，西门镇海，南门崇安，北门武定，东南门百胜。城内有文庙学宫、街市坊弄，繁荣兴盛。

1949 年 6 月，崇明县解放，县政府属苏北人民行政公署南通专员公署；1958 年，划归上海市管辖；2016 年 6 月 6 日，撤县建区，成为上海市市辖区。

1.1.4 特色产业与社会发展

崇明岛自公元 618 年淤涨露出长江口江面至今，只有 1400 多年的历史，但崇明人民在这片岛屿上辛勤耕耘、营城创业，谱写了崇明的发展历史。

1. 滨海渔业

崇明岛处于江海会合处，故渔产尤为丰富。最早上岛栖身的便是渔民，他们以各种工具捕捞江海鱼虾，崇明古代"瀛洲八景"中的"渔艇迎潮"，便是岛民升起风帆，驶向碧波海洋的壮观景象。江海中的珍品例如凤尾鱼、黄花鱼、刀鱼、银鱼、鲥鱼、鲟鱼等，至今仍是人们喜爱的盘中美味。

2. 滨海盐业

唐宋元时期，崇明沙洲涨坍并连，岛屿多被海潮浸润，土咸盐重，不宜耕植，却极适合发展盐业。嘉定十五年（1222），鉴于姚刘沙的鱼盐之利，设天赐盐场，由民间制盐转变为由官府掌管的盐业开发，并允许居民除自给外，可交盐场收购，销往靖江等地。明万历二十九年（1601），又许居民自卖食盐补偿课税。煮盐增加了朝廷课税，于岛民又有利所图，故几乎家家都有盐田，盐灶更是星罗棋布，生盐、熟盐堆积如山。崇明古代"瀛洲八景"中的"磏场积雪"，反映了崇明地区早期开发盐业的兴旺景象。元末崇明沙洲重回涨坍不定的状态，引致许多优质盐田塌于水中。明代沙洲不断向西北发展，西北为长江淡水，导致附近水质盐度降低。清代，崇明本岛大部分已位于江水中，水质大大变淡，土壤盐度也逐步降低至宜于发展农耕种植业，崇明盐业渐次衰落。

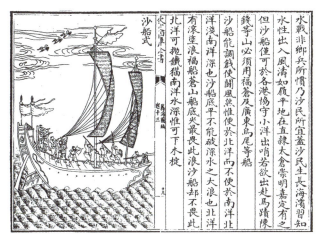

崇明沙船（明《筹海图编》）

港沿镇播种的人们（龚胜平摄）

3. 商贸航运业

　　崇明立东海之潮头，迎长江于浪尖，是漕运航线的关键枢纽，具有通江达海的天然优势。而崇明又是沙船的发祥地，清乾隆《崇明县志》记载："沙船以出崇明沙而得名，太仓、松江、通州、海门皆有。"沙船船身扁浅宽大，首尾俱方，多桅多帆，又因吃水浅而不畏暗沙，所以既可闯荡深海又可畅游浅滩。元代崇明西沙人朱清，便是驾驶着崇明沙船，成功地开辟了北洋航线，开创了海运。此后崇明逐步成为上海乃至东南沿海重要的出海港口，清人陶澍在《敬陈海运图说折子》中奏说："苏、松、常、镇、太五府州额漕因运河阻滞，改由上海沙船运赴天津，现已办有成局……第一段：海船自上海县黄浦口岸东行……出吴淞口入洋……迤至崇明县之……十滧，是为内洋。十滧可泊船，为候风放洋之所，崇明县地。第二段：自十滧开行即属外洋……"海上航运通道的建立，不仅活跃了南北方诸地的商贸氛围，也带动社会文化的交流与融合。1990年公布的上海市标图案即由白玉兰、沙船和螺旋桨组成——一艘扬帆出海的沙船位于图案中心，蕴藏着"海纳百川、蓬勃奋进"的城市精神。

4. 纺织手工业

　　崇明民间手工业主要以纺织业为主。崇明传统纺织业发展起始于元末明初，与崇明本岛形态稳定，土壤由咸转淡、适合棉花种植的历史时期相吻合。崇明的纺织技艺由松江乌泥泾黄道婆从海南黎族地区传入，明代正德《崇明县志》中已经有了生产撞机布的记载。崇明的民间纺织业从明清以来一直欣欣向荣，到20世纪初，纺织业达到鼎盛，产品远销山东、辽宁、浙江、福建、广东等地，还曾一度远销南洋群岛各埠，成为崇明历史上第一个名副其实的外销产品。"瀛洲八景"中的《玉宇机声》有题图诗云："碧空如洗澹江城，静夜遥传机杼声。篱落人家织妇娴，户户抛梭伴月明。"

5. 生态农业

　　崇明地区是上海市重要的农业空间之一，是上海重要的"菜篮子""米袋子"，也是上海最大的绿色农业发展空间。元代之前，崇明岛屿面积较小，土咸盐重，不适合农耕发展，明代后才逐步发展农业，明万历《崇明县志》载"崇人自耕稼渔樵而外，别无他业"。1949年后的围垦为崇明带来广袤田野和肥沃土壤，1980年代崇明以稻米种植、花菜果蔬、林下菌类为主发展特色农业经济，2010年前后崇明先后建立25个农业标准化示范基地，成为国家绿色食品示范县。崇明的特色农产品在上海及周边地区都有着很高的知名度和美誉度。围垦促进了农耕文化的繁荣，崇明现存的传统村落形态和农业劳作形式也是上海市农耕文化与乡村传统的重要保留与核心体现，应当成为承载乡愁记忆的主要空间。

1.2 乡村风貌特征分类

1.2.1 风貌环境特色及分布

明洪武《苏州府志》有云"唐武德间，海中涌出两洲，今东、西二沙是也"，从此两小沙洲，到江淤沙涨、海退岛生、向荒争地、生态发展，崇明经历了千年的时光。而在这星移斗转中，崇明的岛屿形态在江与海的互动中并联完整，崇明的文化逐渐丰富厚重……这些变迁发展所留下的历史痕迹与文化基因如今仍可通过乡村风貌的特色环境、聚落空间的组合形态等窥见一二。

以 1949 年为界解读崇明风貌环境。历史上的崇明生长出许多在沙河溆港中闯荡的商贸古镇，此阶段下促生的风貌环境特色多体现在崇明西南部和崇中地区。1949 年后围垦时

期的崇明则多见万顷田野中的农场聚落，此风貌环境特色多体现在崇明东北部地区。

1. 洪港溆河中闯荡的商贸镇村

明清时期，崇明主岛逐渐稳定，岛内经济也迎来了发展高峰，从制盐、稻作到航运等多种经济活动并存，此阶段为崇明历史上社会发展的繁荣时期。崇明沙船的发展，为开辟海路运输江南米粮北上起到关键作用，海路漕运兴盛。彼时，水作为核心的经济联通与文化交流空间，一时间洪、港、溆、河边纷纷衍生出大小集市、商贸镇村。这时期的崇明镇村呈现出"水陆并行、河街相邻"的聚落肌理，"铺

崇明区草棚村历史文化风貌区聚落肌理鸟瞰（2023年8月李钰摄）

崇明区新村乡新乐村聚落肌理鸟瞰（2023年8月丁彦竹摄）

馆林立、商埠并设"的港口老街，"前店后居、街面凉棚"的商贸场景，暗藏着绵延千年的江南文化基因，更突显出与生俱来江与海的激荡与包容之气。

2. 万顷田野中生长的农场聚落

20世纪60年代，人们与江海较量，通过围垦划分均质的农场，同时为了适应防汛排涝和交通需要，建立西引东排、如鱼脊状的骨干水系，促使崇明东北部地区呈现"广袤农田横平竖直、聚落纵横排布依于河渠"的风貌肌理，村落多沿水渠、村路呈"一"字行列式延伸。海风伴着淤积漫滩边的茫茫芦苇，村庄融于广袤农田中，一派膏腴万顷的壮阔景观，展现出和冈身以西地区的平原溇港、桑基圩田地区所不一样的气质。可谓是水系平直、有序引排、良田万顷、村在堤上。

1.2.2 民居建筑特征

崇明地区的民居建筑特征在岛屿地理原因、生活生产方式、文化交流融合等多方影响下形成，充分体现了因地制宜、兼收并蓄的特点。传统民居形制与岛屿生态自然有密切的关系；建筑特征和细部结构兼具南北院落布局特点和建筑元素，后期逐渐糅合西方文化，建筑风格愈发多样，例如"一窗一闼、鱼鳞门"展现出岛民就地取材、适应岛屿生活的传统智慧，"观音兜、五峰山墙"代表着徽派元素，"圆山花、宝瓶状栏杆、三角窗花"是西洋派别，整体表现出多元素、多文化的混搭。

1. 宅水相依的传统民居形制

历史时期崇明岛四面环水，出于安全、防盗的考虑以及防止潮汐侵害的需求，崇明传统民宅建造时往往修建"宅沟"，然后在中心高起的宅基上建房。通过开凿水渠、筑堤围垦，民居空间与自然逐渐形成由"沟—堤—宅—田—塘"构成独宅独水的村落空间形态，进而构建生产、生活自我循环的微系统。

传统民宅呈现出从独栋逐步向复合院落演化的过程。最初的民宅仅有"正垺"，没有建筑院落，形态简单。然后，垂直"正垺"出现了东西厢房，与"正垺"共同形成了院落。随着院落格局的不断演化，院落住宅平面有"一"字形、曲尺形、"U"字形等，进一步形成"三进四场心""四进三场心"的复合院落格局。

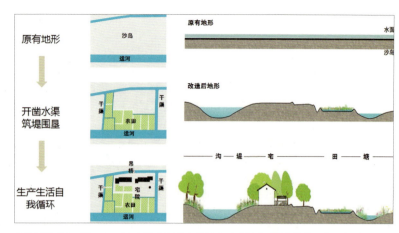

传统民居"沟—堤—宅—田—塘"的村落空间形态（《崇明区城乡总体风貌研究》）

2. 1949年后民居特征提炼

1949年后民居发展主要分为两个时期：1960—1970年代的围垦时期和1980—1990年代的改革开放时期。围垦时期的民居建筑呈现"白墙灰瓦坡屋顶"风貌，单层坡屋顶，山面多为观音兜，开间较多；细部结构上以红瓦望板底，木构穿斗为主，少量存在垫木，无装饰性构件，结构相对简单。同时，由于农业生产需要粮仓、仓库等大空间需求，出现了木构桁架结构，并随着时间推移，大跨度桁架结构的材料由木头转至钢铁、混凝土。

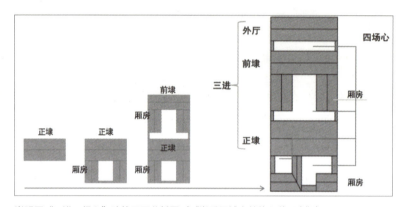

崇明区"四进三场心"建筑平面分析图（《崇明区城乡总体风貌研究》）

改革开放时期，随着农村生活水平提高，"小康型"住宅涌现，出现带庭院、风格混杂的居民住宅。住房由平房向楼房发展，人均住宅面积有较大的提高，建造形式有独栋与联排两种类型。住宅多为"薄壁小梁板"砖混结构，建筑立面材质多采用瓷砖、水洗石、马赛克，屋顶形式以坡顶和平顶为主，屋顶多采用琉璃瓦，颜色以灰色和红色居多，细部装饰以"囍"字、熊猫、立方体几何图案为特色。

3. 文物建筑遗存

本次调研文物点12处。分布上，港西镇和陈家镇各有3处，其余6处分别在堡镇、港沿镇、新河镇、三星镇、建设镇、向化镇。类型上，5处为民居类建筑，7处为宗教类建筑，包括天主教堂、佛教寺庙庵堂等中西宗教类别。

堡镇财贸村倪葆生旧居"四汀宅沟""四进三场心"鸟瞰（2023年8月许良璨摄）

崇明文物保护建筑多为清代中后期和民国时期留存的建筑，历经百年，多有修缮，部分宗教建筑曾多次改建扩建，至今仍在使用中。

港沿镇鲁东村朱家宅"三汀头宅沟"鸟瞰（2023年8月许良璨摄）　　港沿镇齐力村沈银才故居"四汀头宅沟"鸟瞰（2023年8月许良璨摄）

陈家镇瀛东村民居（2023年8月戈敏琦摄）　　木桁架牛棚（2023年8月朱东摄）

新村乡新卫村民居（2023年8月何禾摄）

港西镇双津村陈龙章旧居
（2023年8月王春兴摄）

港西镇团结村陈干青故居
（2023年8月许良璨摄）

新河镇天新村沈铸九住宅
（2023年8月宋宁摄）

建设镇浜东村龚秋霞故居
（2023年8月何禾摄）

堡镇财贸村倪葆生旧居
（2023年8月宋宁摄）

港西镇静南村慎修庵
（2023年8月曹鑫浩摄）

陈家镇协隆村安乐院
（2023年8月宋宁摄）

陈家镇裕安村广良寺
（2023年8月宋宁摄）

陈家镇德云村清净庵
（2023年8月何禾摄）

港沿镇骏马村大公所教堂
（2023年8月宋宁摄）

向化镇春光村高宅蔡天主堂
（2023年8月何禾摄）

三星镇东安村天主教堂
（2023年8月宋宁摄）

1.2.3 非物质文化遗产

崇明浸润着深厚的海洋文化气息，开放的航运商贸又带来周边地区的多元文化，与崇明沙岛本地文化融合，展现出与内陆文化不尽相同的特色。

截至 2023 年 12 月，崇明现有非遗项目 31 个，其中国家级项目 3 个（瀛洲古调派琵琶、江南丝竹、崇明山歌）；市级项目 16 个（灶花、扁担戏、崇明土布传统纺织技艺、崇明俗语、杨瑟严的故事、天气谚语及其应用、崇明老白酒传统酿造技法、崇明吹打乐、调狮子、鸟哨、益智图、甜包瓜制作技艺、草头盐齑制作技艺、崇明糕制作技艺、崇明水仙传统栽培技艺、崇明酒曲传统制作技艺），区级项目 12 个（崇明竹编技艺、崇明羊肉传统烹饪技艺、苦草制作技艺等）。截至 2023 年 10 月，崇明区各级传承人共有 58 人，市级保护单位 19 个，区级保护单位 21 个。

崇明非遗展示：崇明土布、灶花、鸟哨、竹编、老白酒、崇明糕（崇明区）

崇明非遗词频展示图（郑铄绘）

绿华镇绿港村（2016年11月黎军摄）

02

洪港溆河中闯荡的商贸镇村

地理演变与历史发展
聚落肌理和特色场景
民 居 建 筑 特 征
商贸文化带动下的
非 物 质 文 化 遗 产

2.1 地理演变与历史发展

2.1.1 地理格局与水系演变

奔流不息的长江挟泥沙而东流入海，历经无数次的涨坍变幻和飘忽游弋，崇明本岛在明末清初涨连成东起高头沙西至平洋沙，长近二百里、宽四十里的一个大岛。虽岛核形态逐渐稳定，然崇明四面皆水，"寄都水上，四境虚而不实"，岛上水流纵横，清康熙《崇明县志》也作如是说："其间星罗棋布之洲，俱崇有之。"可见崇明境域内，众多由于江水径流与海潮冲击双重水文交替作用而留下的水域空间仍浩渺满布，与水共生，是崇明人自古以来的使命。

历史记载崇明岛的水道有洪、港、㳠、河、沟五种。洪，指两沙之间，流水久远之后水道变窄，因势利导成为河渠者。港，原指江河的支流，其中，"氵"指江河，"巷"指小的道路，后引申为可以停泊的河湾。㳠，是崇明地区独有的称谓，指河口入海入江，有潮汐涨落，可供舟船停靠通行的水道，清康熙《崇明县志》卷三《建置》"河港"下记载："㳠，自头㳠起至十㳠止，共十。"可见崇明旧时河道多为㳠，各㳠以数字命名。河，为大的水道，在两状交界处掘土成渠，以供蓄泄，后又形容官府组织开挖疏导的水道，可通行船只，故又称"官河"。而为沟通官河于宅前田间，农人自凿者为"沟"，亦称"民沟"。

现今沙岛连片，"洪"这种水道早已无存，同时 1949 年后崇明岛上的河道逐步经过人工建设，疏通拉直，再与东西向的南横引河联系，形成现代崇明沙岛的水网体系，与历史上的崇明河渠网络略微有所不同。如今仍能从现存河道名称如四㳠港、老㳠港等，以及村落名称如湾南村、㳠东村等，窥见崇明水系演变发展的历史印记。

清光绪《崇明县志》记载的㳠字地名

明洪武二十二年（1389）的崇明岛水系网络（《大明混一图》）

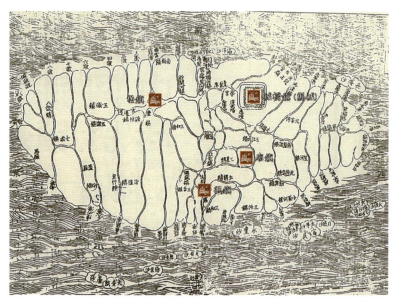

"桥、庙、堡、浜"四大古镇于崇明河渠图中的分布（清乾隆《崇明县志》，郑铄绘）

2.1.2 商贸产业与集镇发展

若要追溯江南地区的市镇发展，几乎都会以水为线索，因水成路，依水成街，环水成镇。崇明岛代表了历史上江南地区沿海社会的典型，长江口水环境演变及其引发的沙洲生态环境变化，"洪港漖河"等水系网络的自然形态，岛上官民应对地理演变和生态自然所做出的生活生产方式转变与适应措施，都对该时期聚落特征的形成具有重要意义。

崇明四面环水，古时候对外交通运输全靠船只。崇明船民熟悉潮汐、沙线和航行航道，驾船运输货物南下北上，从中获利，成为富户者，为数不少。清雍正《崇明县志》所说"崇明大利，首在开河"，官府开挖官河为岛民提供更加便利的往来渠道，而沙船的发明，又将崇明的商贸航运业带上新的高峰。由崇明人朱清等人驾驶沙船开创的海运漕粮和海上贸易推动了北洋航线的勃兴，带动长江口众多民间海舶业主"东北驶入高丽水口，东达倭国岐岸，北临幽燕碣石，西抵文登夷维诸山"，清末齐彦槐在《海运南漕议》之中写道："沙船聚于上海，约三千五六百号，其船大者载官斛三千石，小者千五六百石。船主皆崇明、通州、海门、南汇、宝山、上海土著之富民……"可见当时贸易往来之热闹场景。彼时的镇、村、街、巷与洪、港、漖、河等各类河道保持着亲密的空间关系，沿河逐渐形成街巷和商市，公共建筑和活动场所或居住聚落多沿河道枕水布局。舟楫便利的河道网络，为航运提供了得天独厚的自然地理条件，也造就了历史上崇明县治的鼎盛发展。

随着沙洲升涨相连，崇明陆域面积逐渐增大，来岛贸易往来人口增多，岛上集镇数量激增。据清乾隆《崇明县志》卷三《市镇》所载，明末以来，崇明已有自然集镇数以百计，外津桥镇、堡镇、新河镇、浜镇、排衙镇等集

镇的名称已经出现，其中以四大古镇"桥、庙、堡、浜"最为出名。桥镇最早于元代初期出现，位于崇明西南地区，是崇明四大古镇之首，因镇内跨越施翘河的石砌大桥而得名。桥镇河流密布，水系畅通，有施翘河和老漖港两个天然渔港，由于便利的水运交通，桥镇的商业非常发达，是崇明大宗商品的主要集散地。堡镇于明万历四十五年（1617），为防御海寇的侵扰而建，彼时崇明知县袁仲锡呈请朝廷，经同意在沈安状筑堡城一座。明末，因居民日增、商贸频繁，便形成集镇，称作堡城镇。乾隆四年，官府在堡镇曾设置盐大使署、盐廒。浜镇成镇于清康熙年间（1662—1722），原有敖姓在此兴房建市逐渐形成集镇。后集镇改名曰敖阶镇。镇内河道发达，南北蟠龙河到湾港穿镇而过，东西有河浜将镇一分为二，各商号在门前建凉棚，河上搭小桥，故当地人称之为浜镇。清末民初，浜镇北部湾港是崇明通往海门、启东等苏北地区的重要港口，为各地客商进出崇明北部地区要道之一。民国时期此地开设的庄、楼、馆、园、坊、当、铺，商铺最多时有 101 家。庙镇始建于宋代，兴起于清康熙后期。相传宋时有怪兽貔貅作害，村内一周姓农民勇斗怪兽而死，村里人建周神庙为其祭祀。而后附近店铺、住户渐多，日久形成市集，以庙为名，称"貔貅庙镇"，乾隆时（1736—1795）改称"周神庙镇"，后简称"庙镇"。庙镇境内河沟纵横，小竖河、庙港、鸽龙港、鹦鹉港、桥鼻港等纵横交错，与骨干河道相连，通于江海。

由于 1970 年代的农场围垦基本位于崇明北岸，加上崇明渔业港口逐步衰退，原来不少繁华的漖港出海口如今不再位于滨海，港口商贸集镇成为内陆集镇，或者衰落为普通乡村聚居点，现只有南岸的漖港仍有部分保持畅通。

2.2 聚落肌理和特色场景

崇明"商贸镇村"特色风貌多展现在崇明西南部与崇中地区，即1949年前后的崇明岛、横沙岛与长兴岛岛域范围内。

2.2.1 聚落肌理："水陆并行、河街相邻"

历史时期，崇明地区对外交通主要依靠纵横连通的水系，重要商贸聚落的肌理布局往往顺应水系和主街的走向，居民以舟代步、枕河而居，延续传承了江南传统村落"以水为脉，街市枕河"的特色基因，并在较为繁华的区域形成河滨双侧皆通路的"街—水—街"模式。在主街背后，宅院紧邻并不断生长，也会形成错落的鱼骨状格局。因此，在此类聚落中，水系成为镇村生长的骨架和脉络，村中以"一"字、"十"字水脉作为主要轴线，并基于集镇公共中心往外延续，衍生"艹""丰"等多种聚落形态。

例如在建设镇内，浜河与蟠龙河斜向交叉，将原浜镇（现为浜东村、浜西村）一分为四，构成浜镇的生长骨架，将村落空间划分成"田""十"字，此聚落形态是崇明唯一独有。浜河西联运粮河，河北面有石街，两侧店家凉棚鳞次栉比，摊贩云集，市场十分活跃。在主街和巷弄的交叉口附近，较易形成开放度高的广场空间，广场周围是开放的店铺，店铺后才是私密性较高的民居，开放性和公共性随着主街—巷弄—院落的体系逐渐递减。

"水—街—店—居"肌理示意图：堡镇五滧村、堡镇财贸村、城桥镇推虾港村、港西镇排衙村（郑铄绘）

"田""十"字水系网络与聚落肌理格局：建设镇浜东村、浜西村（原浜镇）（郑铄绘）

浜镇聚落肌理鸟瞰（2023年11月）

2.2.2 街巷场景：“商埠并设、铺馆林立”

　　历史上曾经繁华的古街两旁店肆林立，在高低错落、蜿蜒曲折的粉墙黛瓦之下保留着多样的功能业态，如庄、楼、馆、园、坊、当、铺等，据民国《崇明县志》记载，“商贸大镇”的标志是街道长不少于 300 米，商家不少于 30 家，早集市不少于 400 人次；“小集”多为一两百米的街市。为了方便贸易往来，商铺建筑布局多平行于河道与道路，呈现“前店后居，街面凉棚”的特色场景，面向街道的商铺集市，会建造出挑的半户外空间，供往来商人和游人商贸交易、休憩纳凉、驻留观景。水边布局河埠码头，既便于货物运输和乘船出行，又可用于日常的汲水浣洗。有河便有桥，水赋予聚落诗意和灵气，而桥则为集镇添通达与集

四㳩村老街街景（2024年4月郑铄摄）

会。漫步于古镇中，或赏桥下船影波光，或看水畔岸柳行人，或依街边长廊徜徉，感受崇明的江南气息。

调研发现，如今留存老街肌理和商贸场景明显的村落有 20 多处，如浜东村、浜西村、排衙村、四滧村、五滧村，以及草棚村历史文化风貌区等。

浜西村临街商铺（2023年8月郑铄摄）

1. 浜镇老街（建设镇浜东村、浜西村）

浜镇在历史上具有得天独厚的地理环境和条件，在浜镇背面近 2 公里处就是海滩，具备天然的港口。1920 年代开设的庄、楼、馆、园、坊、当、铺，商铺最多时达 101 家，其业态丰富多样，设有银匠、瓦特蒸汽动力碾坊、油坊、蜡烛坊、酒坊、磨坊、染坊、布庄、酱园店、茶食店、中药店、中医、祖宗画室、茶馆店书场、无声电影院等。当前老街仍保留着原有的街道形态，有龚氏故居、"高凉棚"、城隍庙等历史建筑。

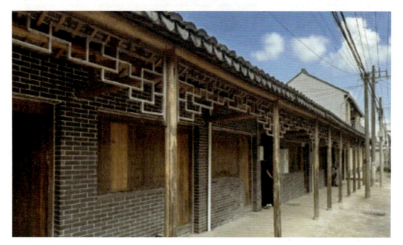

浜东村街边现存凉棚空间（2023年8月郑铄摄）

2. 米行老街

米行镇曾经是崇明东部地区最繁华的古镇。米行镇始建于清康熙年间（1662—1722），清康熙《崇明县志》记载"盛家米行镇，距滧村镇十里"。

20 世纪 20、30 年代米行镇最为繁华，曾是崇明岛最大的大米经销场所，是苏北与江南大米贸易往来地。米行河东连渡港，西接四滧港，河中粮船穿梭往返，两边街道连绵一公里，商贾云集，好不热闹。

据村内老人回忆，当年米行河南头通渡港，北头穿过米新桥后与四滧港相通，米行河中的船只运输进出极为方便。米行镇就是依托这条河，全盛于 20 世纪的 20、30 年代。米行河两岸的住宅、街道的建筑鳞次栉比，极为壮观，甚至有"桥、庙、堡、浜，不如米行镇

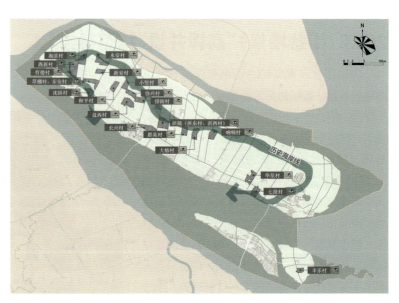

崇明区拥有特色老街的村落分布图（郑铄绘）

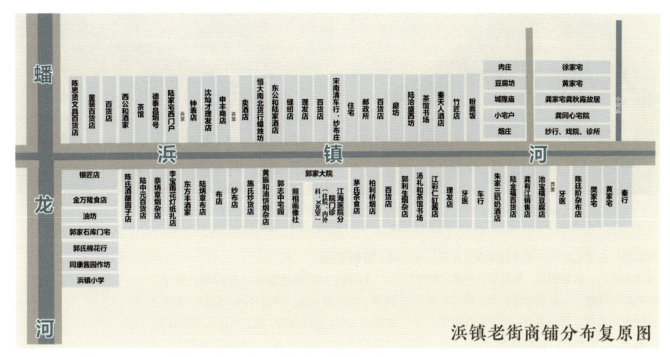

浜镇老街商铺分布复原图

1920年代浜镇老街商铺分布复原图（浜东村段）（根据施勋、吴祖涛、龚鑫康、黄士宏、陆文彬、黄惠贤等信息，郑铄绘）

一只坑棚（指茅厕）"的说法。镇北头有城隍庙，镇南头有平福庵、天主堂，善男信女纷至沓来，门庭若市。庙内钟鼓齐鸣，香火不断。镇上商贾云集，热闹非凡。街上各种南货店、京货店、烟纸店、酒店、茶馆、药店、理发店、布庄、染布店、客栈等大张旗鼓，还有油厂、米厂、铁店、大小作坊等应有尽有，形成崇明东部地区最大的粮食交易市场。

3. 草棚村历史文化风貌区

草棚村历史文化风貌区，位于崇明西部，

清初崇明地图上的米行镇（雍正《崇明县志》）

米行老街遗存山墙（2023年8月宋宁摄）

经大火烧毁后留存的米行老街商铺（2023年8月何禾摄）

黄金甫故居现状（2023年8月李钰摄）

草棚村老街（2023年8月李钰摄）

海洪港、白港汇合处。旧时有黄氏三兄弟从庙镇迁到此地，就地取材，用稻草、芦苇、竹片等编成草棚屋，当商店出售杂货。其后相继有村民来此居住，开办买卖。到1940年代，全市有近30家商店，较有规模的有10家。风貌区内保存了多处立帖结构的建筑，屋顶多为茅草铺就，砖砌方式与江南传统做法不同，同江北做法，传统上称为"如皋式"，并保留旧时商业建筑中的上翻店门和全部门框。

1960年代后，西沙滩经围垦逐步扩大，外来人口不断增加，各类商店也丰富起来，有恒裕丰、方万生烟酒店、源盛泰南货店等。总之，凡是当地村民日常生活所需的商品或服务设施应有尽有。

4. 排衙老街

排衙是崇明通往江苏北部的港口集镇。排衙，古称榔头镇，押解税收、钱粮、案犯到崇明县城等，必经此镇，镇上来往人员和驻扎、住宿较多的是南、北两沙办理公私事务者。借由此因，各类人群在此承办公事，驻屯铺张，设站堆物，摆堂歇宿，人们就把榔头镇改为"排衙镇"。排衙老街在老潋河两侧，东西向，全长300多米，宽6米，两岸市房整齐。老潋河上架有应龙桥（又称进德桥）。镇上商行、栈房、纱布庄为热门店铺。1980年代，村内仍有规模化集市，每日上百人赶集。那时较有影响的听书场，可容纳二三百人，伴有弹、唱、戏曲等节目。

排衙村"水街相邻"场景（2023年8月何禾摄）

2.3 民居建筑特征

2.3.1 传统特色民居浅谈

1. 环洞舍

崇明岛由泥沙冲击而成，岛上最初的生活条件颇为艰苦。先民栉风沐雨，顶暑冒寒，将芦苇秸秆扎成环状，两端埋入土中上罩芦辫，形成一个简陋的"环洞舍"，洞前装一芦笆门——这是一种纯用芦苇搭建而成的简陋住屋，是崇明地区最早出现的民居。在崇明有这样的地方故事：最初移民而来的百姓绝大部分是海上捕鱼的渔民，他们长年在水天一色的大海中作业，为顺应"天圆地方"的观念，就把环洞舍筑成了占地成方、顶为穹形的建筑。此外，由于崇明沙洲地处水天寥廓的长江口，濒临东海，一年四季风浪较大。狂风大作时，对坡顶、平顶建筑威胁极大，建筑物容易被刮倒。环洞舍的顶是圆弧形的，能很好抗衡飓风的侵袭。

2. 宅沟院落

随着沙洲相连、岛域变大，岛上可供生活和种植的土地也愈见肥沃丰饶，先民在此正式安家。崇明岛所处江海交汇处，常是江海盗贼聚散之地。为抵御水患、倭寇侵扰，居民开挖河沟，高筑土坝，以沟围绕，内筑宅院。宅沟中可养鱼、种菱角，沟边种茭白，沟岸种杨树、桃树、柿子树，还有小竹园，一派淳朴自然的田园风光。清康熙年间崇明知县王恭先作《瀛洲竹枝词》，用简练的笔墨和明快的节奏，赞颂了崇明的风土人情："南陌东阡总号沙，数间茅屋是庄稼。惯挑一宅围溪水，五月轻阴好浣纱。"此外又有："村居幽静少喧哗，七件开门总不差，池有游鱼园有竹，篱笆遮住好人家。"

清代崇明诗人沈寓所作《题崇明》一诗中描绘了"宅沟院落"的风貌形态："处处垂杨柳，家家设板桥。""宅沟院落"有"三汀宅沟"和"四汀宅沟"之分，简单来说，便是

三汀宅沟：港沿镇鲁东村朱家老宅（2023年8月许良璨摄）

四汀宅沟：港沿镇齐力村沈银才故居（2023年8月许良璨摄）

四汀宅沟四进三场心：堡镇财贸村倪葆生旧居（2023年8月许良璨摄）

以四周环绕的水渠数量为定。民居住宅一般分三厢、四厢，也有三进两院、四进三院。崇明地区的典型"宅沟院落"为"三垼两场心四汀头宅沟式民居"。其中，三垼的前垼一般为倒座，用于收纳杂物；二垼坐北朝南，中间为厅，两侧通常用作书房，旁侧厢房主要充作杂房和帮佣的房间；三垼（后垼）为内宅，宅主及家眷均居于后垼及两侧厢房内，除了女佣和女性友人外，男性访客和男佣不得擅自入内。前垼与中间的场心称为外场心，二垼与三垼间的院落称为内场心。

港沿镇鲁东村的朱家老宅，是典型的"三汀头宅沟"建筑，灰瓦白墙江南民居风格，保存完好。建筑采用"回"字形整体布局，前侧门房简约朴素，后侧主屋脊饰以龙形脊兽，穿斗式结构。

2.3.2 建筑细部特征

崇明传统民居建筑最早呈现单层坡屋顶，青砖白墙，砖木混合的结构形式，风格极为简易。城桥镇侯南村有座仪门，展示了崇明传统民居的建筑细节。仪门由青砖砌筑并刷白灰，门楣上刻有"卜云其吉"四个字，建筑的墙体

有约 10 厘米厚，并从外向木门框砌成 45° 的斜切角。

在装饰上，鱼鳞窗是海边人民的建造智慧。旧时岛民较为贫穷，于是就地取材，将鱼鳞、贝壳、蚝壳等打磨得薄且透光，代替窗纸安装在窗格上。这种门窗是明清时代江南建筑的一种特色，这种做法后来被延续并推广，故宫也用了类似的工艺，把打磨过的蚌壳铺在屋顶，"鱼鳞云断天凝黛，蠡壳窗稀月逗梭"，因为透亮可见月光，被装饰过的屋顶也被形容为"月海"。

同样体现本地人民智慧的"一窗一闼"（闼，又作阘，本书中统作闼）。所谓"一窗一闼"是指在侧厢屋面对场心的一侧墙上，安立一个门框，其宽相当于两扇单门的宽度，中间立一可以"探落"的立柱，柱头的一边，置一单门，另一边的上部装上既可开启又可关闭类似半扇门样的"窗"。下半部分置一扇一边固定在立柱上一半固定在门框上的"闼"。日常生活中，下部的闼关合着，而上面的窗仍可照常开启，不误光线射入；如遇到家中有事要办，就可把立柱"探落"下来，把一窗一闼下面的闼取走，在两扇单门宽度的门框内，完全可以自如地把布机、家具等搬进搬出。直到

仪门：城桥镇侯南村（2023年8月许良璨摄）

1980 年代初期，崇明农家在砌房时还会建一窗一闼式的屋子。三星镇海安村民居的灶间户门采取"一窗一闼"的形式，解决生产工具搬运的问题，以可拆卸的"窗 + 固定闼"满足织布机临时进出的需求，仍呈现一扇户门的外观，同时可与住宅入口的双扇大门保持形制上的差距。

在江南文化、西方文化等多元交融下，崇明传统建筑风格在本土特色的基础上，逐渐丰富起来，部分民居还嵌入了西洋元素如"圆山花、宝瓶状栏杆、三角窗花"等。融入徽派元素的多为建筑山墙和屋顶形式，有观音兜、五峰山墙等，屋顶形式变化出硬山顶和悬山顶。横沙乡丰乐老街，拥有横沙岛上最古老的观音兜山墙，该山墙属于丰乐老街最南端，已有 120 多年历史，气势雄伟，具有浓郁的传统建筑风格，观音兜山墙及两侧几间晚清时期的砖瓦平房，虽历经百年风雨、饱经沧桑，但砖石雕花清晰可见，具有重要的建筑风貌价值。竖新镇明强村留存的供销社旧址，展示了徽派元素和崇明当地建筑语汇的融合，其为五开间单层民居，白墙灰瓦，五峰封火山墙，保存状态较好。

鱼鳞窗：堡镇五滧村 (2024年4月郑铄摄)

一窗一闼：三星镇海安村民居 (2023年8月何禾摄)

观音兜山墙：横沙乡丰乐村 (2023年8月宋宁摄)

五峰山墙：竖新镇明强村 (2023年8月许良璨摄)

2.3.3 乡村公共建筑

本次风貌调研除了民居建筑以外，还包括村域范围内的乡村公共建筑，主要的建筑类型有宗教建筑（寺庙、妈祖庙、教堂）12座、府衙（机关）1处、祠堂1处、私塾1处、供销社1处。

从建筑类型上看，7座寺庙分布在陈家镇（德云村、协隆村、裕安村、鸿田村）、庙镇（米洪村）、港西镇（静南村）、中兴镇（中兴村）四镇七村中；1座妈祖庙即城桥镇老滧渔业村的天后宫；4座天主教堂分布在港沿镇（建中村、骏马村）、三星镇（东安村）、向化镇（春光村）三镇四村中。另外，私塾1处，位于港沿镇跃马村；祠堂1处，位于港西镇北双村；府衙县委机关旧址1处，位于竖新镇明强村；供销社旧址1处，位于竖新镇明强村。

1. 寺庙建筑

崇明寺庙建筑历史悠久，规格较高，建筑结构基本采用传统木构架与砖木混合结构的结合，多数是在旧址上重建或扩建而成。平面布局多呈长方形，坐北朝南（或东南），寺制规整，殿堂高大。一般有山门殿、天王殿、大雄宝殿、法堂、鼓楼、斋堂楼、厢房、寮房、藏经楼，以及各佛配殿等，由殿、堂、亭、阁、楼多种型制建筑构成一组庞大的寺庙建筑群。

主建筑大雄宝殿一般坐落于汉白玉平台上，屋面为重檐歇山式屋顶，墙面装饰有祥云的精美图案，厢房为硬山坡屋顶，屋顶轮廓线丰富，屋脊有山花。山墙立面分别为悬山和硬山。整体色调以黄红白青为主，黄色墙体，红色柱、椽、梁，白色汉白玉的台基和围栏，青瓦覆顶，青砖铺地。建筑细部雕花精美，有莲花吊顶和墙面装饰图案，门窗为木制传统纹样镂空花纹，寺内佛像、经书、法器、家具等一应俱全。

庙镇米洪村无为寺（崇明区）

陈家镇裕安村广良寺（2023年8月宋宁摄）

陈家镇鸿田村三佛讲寺（2023年8月宋宁摄）

港沿镇骏马村大公所天主教堂 (2023年8月宋宁摄)

港沿镇建中村始胎堂天主教堂 (2023年8月宋宁摄)

2. 教堂建筑

教堂建筑主要为天主教堂，基本在原址重建。中西混搭的建筑风格，融入哥特式、罗马式和中国式元素，整体简约大气。结构体系以砖混结构为主。教堂入口立面多配有罗马柱式和拱门。建筑色彩以白墙灰瓦为主，建筑屋脊雕花精细，圆形拱门较为精致，圆形彩色玻璃玫瑰窗，窗棂的构造工艺十分精巧繁复，并配有罗马柱围栏。建筑内部十分开阔明亮，屋内摆设精致。

3. 祠堂建筑

祠堂建筑多在原址上修建，延续历史上晚清传统建筑格局。平面布局为单层合院式建筑，主房坐北朝南，边上一栋附属建筑与三面围合形成院落。建筑结构为砖木混合结构为主，正立面采用白灰抹面，整体颜色以灰色、白色为主。屋面为黑瓦硬山顶。外围墙有镂空窗，白墙黑瓦，门窗保留为传统木制，细部构造门窗雕花。建筑整体保存较好，能较好地展现传统的建筑风貌。

港西镇北双村祠堂 (2023年8月王春新摄)

竖新镇明强村县委机关旧址立面、内部结构（2023年8月许良璨摄）

竖新镇明强村供销社立面、结构、山墙（2023年8月许良璨摄）

4. 革命旧址

　　竖新镇明强村县委机关旧址建于1929年，平面布局呈"日"字形，主院左右对称，中间堂屋，左右两侧为厢房。堂屋基本结构及面貌保留较好，结构为抬梁式木结构，梁下有雕有雕花的雀替。整体色彩风貌呈灰瓦、白墙、朱漆的传统府邸风格。门窗材质皆为木材，窗有可开启的木窗和不可开启的木条窗。墙体为青砖砌筑，屋顶为典型的灰瓦。院内环境较好，并保留有多棵龙柏古树。

5. 供销社建筑

　　供销社建筑位于竖新镇明强村，建造年代为晚清至民国，融合了徽派建筑元素和崇明当地建筑语汇。平面布局为一栋单层坡屋顶民居，五开间。建筑结构为砖木结构，建筑色彩为白墙灰瓦。山墙为五峰封火山墙，保存状态较好。门窗为红色，材质皆为木制，保留有传统纹样。开敞外廊放置长椅，可供居民纳凉。

2.4 商贸文化带动下的非物质文化遗产

崇明浸润着深厚的海洋文化气息，展现出与内陆文化不尽相同的特色。依托历史时期发达的航运商贸，崇明本岛的特色民俗与传承技艺在多元文化的交流下，呈现兼容并蓄的创新生命力。其中最为突出的代表为"一戏、一糕、一布、一酒"，即崇明瀛洲古调派琵琶、崇明糕、崇明土布、崇明老白酒。

1. 崇明瀛洲古调派琵琶

瀛洲古调派琵琶，也被称为崇明派琵琶，因其取北派琵琶刚劲雄伟、气势磅礴之长，收南派琵琶优美柔和、华丽袅娜之精，浑然一体，形成隽永淳朴、清新绮丽的特色而不同凡响，为著名的中国琵琶流派。

瀛洲派琵琶起源于清代康熙年间（1662—1722），其开山鼻祖为从通州迁居至崇明的贾公逵。贾公逵早年在那里时，曾师从琵琶北派名家白在湄，在他那里学得了四弦指法。乾隆《崇明县志》称其弹奏琵琶时："其音能肖百物，或为风雨声，人皆思挟纩；为众乐声，八音俱奏；为鏖战，则甲马奔驰，金鼓戈矛齐震，闻者惊诧。"贾公逵迁居崇明后，曾经北上山东、河南、京都等处，南下湖广等地，设下擂台和人竞技琵琶演奏，未有一人能与之匹敌。崇明岛上的琵琶演奏从贾公逵来岛后开始进入了兴旺期。在他的带动下，许多琵琶爱好者常常聚会，互相切磋技艺，交流演奏曲目。在交往过程中，贾公逵发现崇明地区的琵琶曲大都来自江南，曲调柔和缠绵，婉转舒如，如溪流之潺潺，如百鸟之鸣啾。而自己从北方学得的琵琶曲目则都刚劲雄浑，气势轩昂，充满了金戈铁马、沙场搏杀的铿锵劲。他将金戈铁马、沙场征战的曲目和柔和缠绵的曲目加以糅合，创造出一种既刚劲又柔和、既雄浑又隽永、既清新绮丽又奔放洒脱的曲风，即为"瀛洲派琵琶"。后多人师从贾公逵，将瀛洲派琵琶发扬光大，民国沈肇州的《瀛洲古调·序》记载："崇明一小岛，能书能画能奕能音乐者，代不乏人。末百年前，有黄东阳、罗明章、蒋泰之三人者……独于音乐一门嗜之成癖。"

"一戏、一糕、一布、一酒"（崇明区）

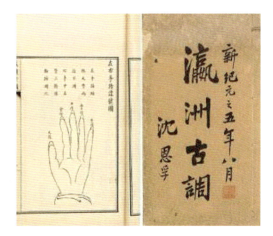

沈肇州《瀛洲古调》（崇明区）

瀛洲古调传人赵洪相、陈忠信、包亚礼（崇明区）

瀛洲古调派琵琶教学课堂（崇明区）

在演奏技法上，瀛洲古调派琵琶有独特的要求，如"捻法疏而劲，轮法密而清"，主张"慢而不断，快而不乱，雅正之乐，音不过高，节不可促"；在演奏风格上，注重音色的细腻柔和，善于表现文静、典雅的情感，显现出闲适、纤巧的意趣；在曲目上，以文板小曲为主，每首小曲都描写一个场景或事物，与崇明的民风、民俗、民情息息相关，是典型的标题音乐，充满了生活的情趣，代表性曲目有《飞花点翠》《昭君怨》等慢板、文板乐曲。

除了瀛洲古调派琵琶创始人贾公逯，范正奎、李连城、宋楚玉等人都对瀛洲古调派的风格形成起到重要作用。民国有沈肇州、樊紫云、施颂伯、樊少云、刘天华、徐立荪等琵琶大师，其中，刘天华于1918年到沈肇州处学习瀛洲古调，并把这些乐曲带到各地演奏。

2006年，瀛洲古调派琵琶的传承保护基地在崇明县新河镇文广站成立，并开办少儿琵琶培训班，组建青年女子琵琶队。2008年6月7日，琵琶艺术（瀛洲古调派）经中华人民共和国国务院批准列入第二批国家级非物质文化遗产名录。

2. 崇明糕

崇明糕的起源可以追溯到宋代，一说是岛民供给灶神的食物，一说是明代给皇室的贡品。经过几百年的发展，崇明糕已经成为岛上的美食名片。崇明糕的制作需要优质的糯米和粳米，经过浸泡、磨成米浆等一系列繁琐的工序。外形美观、口感软糯、甜而不腻、清香可口。糕与"高"谐音，寓意"年年高"，已成为深受四面八方来客喜爱的特色美食。

崇明糕（崇明区）

崇明土布（崇明区）　　　　　　　崇明老白酒酿造过程展示（崇明区）

3. 崇明土布

崇明土布纺织技艺始于元朝，已有500多年的历史，清康熙《重修崇明县志》卷六"物产货之属"中就有"苎经布（苎经纱纬）"的记载。崇明土布传统纺织技艺源自元代至元年间（1264—1294）松江乌泥泾黄道婆从海南黎族地区学到的纺织技艺。明嘉靖（1522—1566）中叶，广西人唐一岑来崇明任知县，他的夫人又引进了广西当时先进的民间纺织技艺，进一步改良崇明的纺织工艺，提高纺织的质量，从而使崇明的民间纺织业从明清以来一直欣欣向荣。

到20世纪初，民间织布机达十万台，几乎家家户户都从事土布纺织生产，崇明土布纺织业达到鼎盛时期，当时13万户60多万人口的崇明，民间织布机近10万台，年产崇明土布250万匹。由于崇明土布的传统纺织技艺精湛，产品曾远销山东、辽宁、浙江、福建、广东等地，还曾一度远销南洋群岛各埠，成为崇明历史上第一个名副其实的外销产品。

崇明土布传统纺织技艺工艺繁杂，织工精细，从棉花收获到纺织成布，共有十几道工序，包括轧去棉花籽、弹松棉花、搓成棉花条、纺纱、摔纱、染纱、浆纱、过纱、经纱、嵌扣、运纱、装机、穿梭、织布等。崇明土布种类有间布、线布、单篡等，尤其是间布，布纹花式品种繁多，主要有芦扉花布、蚂蚁布、柳条布、格子布、雁行布、"一"字布等，还能织出工艺难度更大的各种提花布等。

4. 崇明老白酒

崇明老白酒有着700多年的酿造历史。崇明老白酒并非蒸馏酒，而是米酒的一种，其以糯米为原料，经过淋饭后拌药加水精心酿造而成，其酒味甜润，色呈乳白，因此又有"甜白酒""米酒""水酒"之称。早在百余年前，这种米酒就已经在沪苏地区享有盛名。崇明对酒的称呼很独特，一般把白酒称为烧酒，而把米酒称为老白酒。老白酒的称呼来历与民间故事有关，意指其度数不弱于白酒。

明末清初，崇明岛上酒坊、酒店星罗棋布，故有"十家三酒店"之说。清康熙年间（1662—1722），崇明老白酒已远近闻名，享有盛誉，而且品种逐渐增多，尤以"菜花黄"和"十月白"为崇明老白酒之佳品，此酒呈淡黄色，四季可饮。崇明老白酒在崇明人的生活中占据着重要的地位。清吴澄《瀛洲竹枝词》中描述了崇明农家酿造老白酒的情景，以及用老白酒款待友人的习俗："柳陌风吹蒸饭香，农家都酿菜花黄。雷鸣各捣蟛蜞酱，共待栽秧启瓮尝。夜静家家纺织忙，市廛灯火早开庄。"这首诗生动地描绘了崇明农家在春天的时候忙着酿造老白酒的景象，以及用老白酒庆祝栽秧完成的习俗。

1982年版《上海特产风味指南》中，崇明老白酒被列为上海市的地方名酒。今崇明区城桥镇有老白酒酿造产业，农家酿酒公司拥有全市唯一的老白酒地窖。2008年，崇明老白酒被国家质监总局定为"地理标志保护产品"，其酿造技艺被列入上海非物质文化遗产名录。

城桥镇（2016年黎军摄）

03

源于商贸
古镇的
典型风
貌乡村

建设镇

堡镇

三星镇

庙镇

港西镇：排衙村

新河镇：井亭村

3.1 建设镇

浜东村、浜西村的前身为崇明四大古镇之一的浜镇。浜镇成镇于清康熙年间（1662—1722），因当时有经济实力的敖姓居民首先在此兴建市房，故原名"敖家镇"。后因居住在镇西的李杜诗（字范莲）、镇东的柏谦（1697—1765）分别在康熙五十九年（1720）、雍正二年（1724）考中举人，"敖家镇"改为"鳌阶镇"，含意是"脚踏鳌阶步步高"之意。后又因镇中有两条河浜交叉，故又称"浜镇"。

浜镇在历史上具有得天独厚的地理环境和条件，曾是崇明岛通往江北海门、启东等地的主要港口。各商号在浜河两岸的主街上建有商铺、凉棚，河上建有不少连接镇两岸的小桥，便于两地物业交换及其人员往来。浜镇之所以能形成这样规模，除了人气旺盛、生意兴隆之外，另有一个因素是镇上设有岛上为数不多的粮食交易场所——商户和居民可到"操地蓬儿"的地方，有老师傅用一只"升洛"将粮食放进斗里进行计量，再将数量报给账台上进行结算钱款。20世纪50年代后因港口淤塞、岛屿围垦而衰落。

1949年后，浜镇历经多次变化。1984年3月—1995年10月，政社分设，建立建设乡、大同乡，浜镇被划属于大同乡。1995年11月—2000年11月，建设、大同2乡改镇。2000年12月，大同镇并入建设镇。2016年7月，崇明撤县设区，建设镇改属崇明区。

3.1.1 浜东村

1. 总体概况

浜东村坐落于建设镇东首，位于长江机场南侧，南临草港公路，西靠蟠龙公路，距东平国家森林公园 5 公里。村区域面积 2.8 平方公里。

全村共有 27 个村民小组。村域总人口 2361 人，常住人口 1426 人。其中本市户籍 2230 人，外来人口 131 人。60 岁以上人口 756 人，16 岁以下人口 22 人。

截至 2022 年年底，村内主导产业为农业，2022 年村级固定资产原值 3307326.22 元，村级可支配收入 112.11 万元，农村居民可支配收入 2.62 万元，比上年增加 0.04%。主要农产品为水稻。可耕地面积为 2300 余亩（约 153 公顷），其中国家公益林及廊道种植面积 1094.1 亩（约 73 公顷），水稻种植面积 1205.9 亩（约 80 公顷）。

浜东村得名于其位于浜镇东部。1984 年

政社分设，浜东村是属于大同乡的一部分。然而，在 2000 年底，大同镇与建设镇合并为新的建设镇后，浜东村成为建设镇的一部分。随后，在 2002 年 4 月，浜东村和浜南村进行了整合，形成了当下的浜东村。

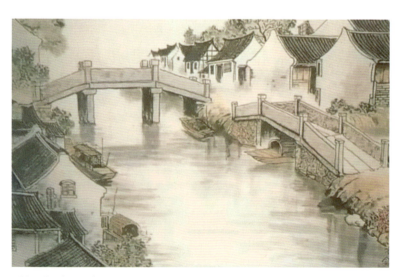

浜镇旧貌图（浜东村）

"浜镇"鸟瞰(2023年11月)

2. 空间肌理

　　浜东村西以蟠龙河、蟠龙公路为界,东临东平河,从南至北有三条主要横向河道:浜南河、浜东河、同北河。与经纬线呈45°斜角的浜镇老街原为浜河,是浜东村历史上主要的骨干水系,现已不复存在。

　　浜东村聚落中心主要分布在浜镇公路(原浜河)两侧,成聚集之势。浜镇公路还作为浜东村的主要市集老街存在,作为历史的延续,街上店家凉棚数量仍然较多。每月集市之日,摊贩云集,市场十分活跃。浜东村整体聚落肌理呈现"前店后居"的特征,主街上为开放的商铺,支巷上则为私密性较高的民居,开放性和公共性随着主街—巷弄—院落的体系逐渐递减。

　　浜东村南北两侧,沿浜西路和浜东路两侧聚落呈鱼骨状排列,与农田的关系较为紧密。

"浜镇"空间格局(郑铄绘)

3. 特色场景

　　1920年代,此处商铺鳞次栉比,热闹非凡。如今虽已没落,但仍可从浜镇老街的店铺

浜东村龚秋霞旧居（2023年8月何禾摄）

浜东村龚锲夫旧居"高凉棚"（2023年8月郑铄摄）

留存中见得一二。在浜镇，龚氏家族可谓赫赫有名。从"东万兴"到"西万兴"，由"灵龙街"至"高凉棚"，到处可见龚氏家族留下的踪迹。故小镇有"浜镇一条街，龚家占一半"之说。如今浜东村灵龙街已不是当年繁盛的景象，但龚秋霞旧居和部分民居仍保留了下来。

20世纪50年代前，灵龙街仍是浜镇的主要街道。灵龙街位于浜镇东市，南北向，因自南至北的石街地下均铺设排水管道而得名。又因灵龙街北头有一座城隍庙，所以又称此街为"庙弄"。曾经灵龙街上的城隍庙，庙门朝东，门前有两座青石鼓，进门就是两层楼戏台，东南边的厢房是庙里的厨房。大殿朝东，里面有大佛，南北两边的厢房里也有菩萨。旧时不少从苏北来的船只停泊在港湾，那些留着满脸胡茬的船老大常在浜镇买了猪头等贡品，到庙里烧香拜佛，祈求海上太平无事，渔产丰收。当年龚氏家族的宅院，号称同心宅。龚秋霞祖上有龚锦山、龚廷珍、龚二宝三代。20世纪50年代浜镇流行这样的顺口溜："眨眨眼睛龚铁山，打打官司龚锦山，教教小书龚敦山，鲜鱼笃笃龚金山。"同心宅的南宅为龚万兴典当行的"老行"，后衍生出东当、西当。

浜镇贤士龚锲夫的住宅在灵龙街南头，以"高凉棚"著称，院子内书斋取名"养性书舍"，由曹炳麟题书，房门上书有"汲古得修绠，开怀畅远襟"楹联。

4. 建筑特征

浜东村现存民居建筑主要以2000年后翻建为主，布局形式多为"一"字形，部分呈现1990年代及之前建筑风貌。另有多处晚清时期民居，但久未修缮，大多都已坍塌。有龚秋霞旧居，为上海市崇明区不可移动文物。

晚清时期民居结构为木构，结构造点相对简单。民居建筑外墙多以砖墙外粉石灰，山墙形式多以"人"字形硬山为主，墙上采用如意形式的漏窗雕花，屋顶材质以小青瓦、红色陶土瓦为主，同时屋脊采用祥云形式的纹头脊。部分民居保留了仪门、矮闼门、拱形门窗等传统民居特色。

5. 文化传承

浜东村留存着淳朴的民风民俗和崇明岛传统饮食文化。村落有竹编匠人，掌握着传统的竹编手艺，极具地方性的民间智慧。作为崇明岛传统特色糕点之一的崇明糕在浜东村的节庆美食中也颇有地位。每到过年前夕，每家每户开始准备崇明糕的原材料，打糯米粉，准备红枣、赤豆、葡萄干及核桃仁等配料。有的做白糕，有的放基础的红枣赤豆，有的放上秋天收集的桂花或核桃仁、松子等。

浜东村委会也会定期组织活动，带领全村共同庆祝全国性传统节日。历年在浜东村村委开展的以"党建引领开新篇 喜迎元宵庆佳节"为主题的节日活动中，村"两委"班子、党小组长、姐妹微家成员、党员群众代表、侨眷代表参加，为村里的失独家庭和留守老人送去手工制作的汤圆。

浜东村黄氏旧居(2023年8月黄子怡摄)

浜东村旧居外墙和屋顶形制(2023年8月陈宣燕摄)

浜东村民居屋脊房檐(2023年8月陈宣燕摄)

浜东村黄氏旧居(2023年8月黄子怡摄)

浜东村黄氏故居拱窗(2023年8月陈宣燕摄)

浜东村黄氏旧居门窗(2023年8月陈宣燕摄)

浜东村传统民居花砖漏窗(2023年8月陈宣燕摄)

浜东村黄氏旧居(2023年8月黄子怡摄)

竹编制品(2023年8月薛平摄)

浜西村沿浜西路分布的聚落空间（2023年8月何禾摄）

3.1.2 浜西村

1. 总体概况

浜西村位于建设镇东北部，蟠龙公路西侧，张网港东边，北靠东风农场界河（现东平镇界河），南邻建设镇大同村界河。辖区总面积4290亩（286公顷），自然村2个（浜北村、浜西村）。耕地面积2597亩（约173公顷），其中土地流转植树面积1247亩（约83公顷），可耕地面积1078亩（约72公顷）。

全村有村民小组26个，村域常住人口1462人，其中户籍人口2271人，外来人口112人。常住人口中，60岁以上人口938人。人口主要就业方向为务农、制造业、服务业。

截至2022年年底，村内主导产业为农业，村集体可支配收入116万元，村民年收入26000元。主要农产品为水稻，特色农产品为火龙果。耕地面积2597亩（约173公顷），已流转2482（约165公顷）亩，耕地经营权流转率95.57%。

1949年后，浜西村属于长兴区浜西乡，1957年并区并乡后隶属大同乡十二高级社，1958年成立人民公社后隶属七公区，1959年下半年分浜西为第十生产队，浜北为第十一生产队，1960年又合并为浜西大队，1961年下半年核算单位下放，又分为浜西生产大队和浜北生产大队，2002年4月浜北大队和浜西大队合并为浜西村。

2. 空间肌理

浜西村聚落位于蟠龙河、蟠龙公路西侧，从南至北有运粮河、浜东河横向贯穿村庄。与经纬线呈45°斜角的浜镇老街原为浜河，是浜西村历史上主要的骨干水系，现已不复存在。

浜西村聚落中心主要分布在浜镇公路（原浜河）两侧，成聚集之势。浜镇公路也作为浜西村的主要市集老街存在，浜镇老街至今仍保留着原有的街道形态，街上仍然保留"高凉棚"。每月集市之日，摊贩云集，市场十分活跃。浜西村整体聚落肌理与浜东村相同，呈现"前店后居"的特征。

浜西村南北两侧，沿三条桥路和浜西路两侧聚落呈鱼骨状排列，与农田关系较为紧密。

3. 特色场景

浜西村延续浜东村的浜镇老街，主要商铺集聚于此条主街上。与浜东村相比，浜西村主街上曾经有更多的行当与厂房，现如今每月举办两三次热闹的农村小集市。

黑鱼弄原是浜镇西市中的一条老弄，从浜镇西市梢街朝南，越过运粮河便是黑鱼弄。弄的南端靠近旧时浜镇的貔貅司巡检署和衙门角。关于黑鱼弄的名字，还有一段有趣的故事。早先，这里有一个姜三郎打铁铺，因为铁铺里的伙计作业时，铁屑烟煤随风吹飘，打铁人被熏得满身黑乎乎的，土话说像"黑鱼"一样，"黑鱼弄"也由此得名。

据《大同公社志》记载，相传在原大同公社浜西大队境内，有个老地名叫"衙门角"。衙门角位于浜镇西市梢黑鱼弄向南百米地方。衙门角建于清乾隆三十六年（1771），光绪二十六年（1900）改名崇海司。当时的崇海司，实际是一个政府司法机关。

4. 建筑特征

建筑特征与浜东村相似，多以木构、砖混结构为主。浜镇老街上有几处晚清时期民居，布局形式为"回"字形及"凹"字形，外墙多以砖墙外粉石灰，山墙形式多以"人"字形硬山为主，部分为观音兜，屋顶材质以小青瓦、红色陶土瓦为主。浜西村南侧仍有民居保持"独宅独水"的形制。

浜西村空间格局（郑铄绘图）

浜西村田野风光（2023年8月郑铄摄）

浜西村民居院落（2023年8月薛平摄）

浜西村浜镇老街街面（2023年8月何禾摄）

浜西村浜镇老街商铺店面（2023年8月郑铄摄）

5. 文化传承

浜西村与浜东村的文化传承情况相近，村中也有掌握竹编技能的工匠。

浜西村注重传统风气与民俗，每年中国的传统节日，浜西村都会举办活动来庆祝，比如在端午节时举办小型的龙舟赛等。

"孝道浜西"作为浜西村的宣传品牌，旨在弘扬中华传统文化，践行社会主义核心价值观。目前，浜西村广泛利用浜西小报和组务公开栏宣传孝道典型事迹，树立"孝道浜西"典型事例；利用市级睦邻点，开展"孝道"大讲堂，组建"孝心书架"，丰富孝道文化学习，弘扬"孝道"精神；利用春节、"七一"、中秋节、重阳节等重大节庆日，对孤寡老人和有困难老人以及高龄老人进行慰问，让孝老敬亲在浜西的土地上蔚然成风。

浜西村民居建筑结构（2023年8月何禾摄）

浜西村民居外墙（2023年8月何禾摄）

浜西村民居观音兜（2023年8月何禾摄）

浜西村竹编作品（2023年8月薛平摄）

浜西村孝道大讲堂（浜西村）

3.1.3 虹桥村

1. 总体概况

虹桥村位于建设镇北端，北接东平国家森林公园，南接崇明县城。东临港西镇，西临东平镇。虹桥村耕地面积 384 公顷，陆地水域 18.3 公顷。

村域常住人口 1725 人，户籍人口 3156 人，外来人口 192 人。常住人口中，16 岁以下人口 133 人，60 岁以上人口 1134 人。

本村的主导产业为农业、旅游业、花卉产业，农业的主要收入来源是水稻种植，主要农产品为大米，特色农产品为西红花。耕地经营情况方面，耕地 3080 亩（约 205 公顷），已流转 1000 亩（约 67 公顷），耕地经营权流转率为 33%。

虹桥取意"彩虹之桥"，相传在清康熙年间（1662—1722），崇明岛北部有个渔港虹桥镇，因港口上有座木质拱形桥形似彩虹而得名。该镇靠近虹桥港，坐落于富民河两岸。虹桥镇虽然商贸繁荣，却因水患频繁而岌岌可危，于清同治年间（1862—1874）南迁至老海洪河北首，即虹桥镇现址。南迁后的虹桥镇分南市、北市和西市等三条街。北市（街）又于 1949 年前坍去一大半（现北沿公路以北），1949 年后复涨为沙滩，围垦后变成林场。今南市（街）以袁姓住宅和店面房屋为主，共 144 间，大小墙门 7 个，并以独具风格的丝竹墙门名闻当地。

1927—1937 年，虹桥镇繁荣兴盛。虹桥港日常有大量船舶停泊。港边的观音阁前是远近闻名的集市贸易中心场所。1940—1946 年，沿江水利设施日趋崩废，虹桥镇有被海水吞噬的危险，加上侵崇日军封港禁航，以致客商日稀，店主纷纷关门离镇，百年老镇开始衰落。

1949 年后，人民政府曾于 1956—1973 年大规模修建虹桥镇。1982 年起，由于近邻国营东风农场开设商场，建设公社机关所在地三星镇迅速建设，尤其是 1985 年建设公路通车和十八门轮窑迁至老滧港后，虹桥镇市面日趋冷落。

2. 空间肌理

虹桥村四周被河流环绕，东至卫家河，西至白钥港，南至运粮河，北至马桥河，村域内主要有三条主要水系横跨，自北向南分别是福民河、郁家河、运北河、运粮河，水系呈现四横多纵的格局，便于渡船交通往来。

村庄聚落沿主要河流福民河、郁家河、斜桥北河、运北河平行分布，因此顺沿郁家河及斜桥北河的聚落与沿福民河及运北河的聚落形成斜角。部分村落成团块状镶嵌于田野之中。

虹桥村空间格局（郑铄绘）

虹桥村呈斜角的两条带状聚落（2023年8月曾逸琳摄）

虹桥村带状聚落（2023年8月曾逸琳摄）

虹桥村民宿群（虹桥村）

3. 特色场景

走进崇明建设镇虹桥村，优美的自然景观与人文风貌交相辉映，昔日那些陈旧泛黄的农房通过盘活利用而焕发出勃勃生机，路两侧的民宿鳞次栉比，别具特色的设计展现了和美农村的新风貌。目前，虹桥村全村民宿数量占到崇明区全区总量的六分之一。

2012年，顾伯伯民宿群创始人顾洪斌和弟弟顾洪宇开了一家"顾伯伯农家乐"，生意很红火，后来邀请附近村民加盟。如今，这个民宿群已有37户农户参与经营，形成集住宿、餐饮、采摘、农产品销售于一体的乡村民宿组团。

4. 建筑特征

民居建筑主要以2000年后翻建为主，建筑民居改造为民宿居多，建筑以二、三层居多，平面布局呈"一"字形。

虹桥村建筑以白墙青瓦的中式风格为主，建筑外立面多为白粉墙和文化砖贴面，外墙立面有墙绘点缀。虹桥村建筑立面多为白色，屋顶多为红、黑、蓝色。

虹桥村民居的细部构造体现出新中式、西式组合的特点。部分新建民居展现尖屋顶的西式风格，部分则以新中式进行重建，保留青瓦木窗等传统元素。

虹桥村水系空间（2023年8月宋宁摄）

虹桥村传统民居（2023年8月宋宁摄）

虹桥村新中式民居（2023年8月宋宁摄）

虹桥村露营空间（2023年8月宋宁摄）

虹桥村建筑平面布局（2023年8月曾逸琳摄）

3.2 堡镇

3.2.1 财贸村

1. 总体概况

财贸村位于崇明县中东部，靠近堡镇码头。东起堡镇港大河，与堡镇堡兴村和菜园村相依；西到小竖河张涨港，与竖新镇堡西村和惠民村相隔；南起堡镇九号河，与堡镇桃源村交界；北至财工河，与堡北村相接。团城公路堡镇段横穿全村中部，市级河道南横运河贯穿村北部东西，由自然村财贸村、石桥村组成。村域面积 374 公顷，耕地面积 196 公顷，林地 13 公顷，城乡建设用地 29.7 公顷，区域基础设施用地 7.6 公顷，陆地水域 12.7 公顷。

村域常住人口 3181 人，户籍人口 2705 人，外来人口 196 人。常住人口中，16 岁以下人口 139 人，60 岁以上人口 1459 人。

财贸村主导产业为农业，农业的主要收入来源是水稻种植，特色农产品为富硒米、富

财贸村空间格局(郑铄绘)

硒蔬菜。耕地经营情况方面，耕地 2942 亩（约 196 公顷），已流转 1320 亩（88 公顷），耕地经营权流转率为 85.3%。

财贸村前身为堡镇公社十二、十三大队，因境内原有财贸中学而得名。

财贸村沿团城港带状分布聚落鸟瞰(2023年8月曾逸琳摄)

2. 空间肌理

财贸村北以何家店河为界，南部以九号横河路为界，东临堡镇港。村域空间有一弯一直两条河流贯穿，弯曲的团城港缓缓流过，笔直的环岛运河则作为主要水上交通廊道。历史上的聚落沿团城港北侧分布，其他村居成簇群散布于田野中。

沿团城港北侧形成带状分布的村居聚落，沿九号横河路北侧形成"一"字线形村居带，其他村居聚落成团块融于财贸村的田野中。

3. 特色场景

财贸村有一座建造于1927年的房屋，是爱国商人倪葆生（1871—1958）的旧居，倪葆生是民国时期著名爱国商人，他持股经营的富安纱厂曾是崇明地方工业最早、规模最大的企业之一。其旧居建筑占地面积1449平方米，建筑面积约944平方米。宅邸除南面正门方向外，周边三面有护宅沟，是崇明地区典型的"四汀宅沟"类型住宅。主要屋堂坐北朝南，四进三院式砖木结构，拥有"四汀宅沟"类型住宅内最高的"四进三场心"形制。建筑做工考究，同时蕴含着丰富历史人文价值，被列为崇明区不可移动文物，并于2015年被列为上海市第五批优秀历史建筑。

倪葆生旧居于2019年启动修缮，采用江西杉木修复破损的木门窗、木板隔墙、木雀替等，同样采用传统的桐油工艺涂刷。补配破损的彩色压花玻璃，按照民国样式定制门窗五金件。门框为砖石砌成，保留有精美雕花。在历史的大浪淘沙中，倪葆生旧居先后用于部队驻扎、粮仓使用，如今旧居经过修缮，可让后人透过砖瓦梁栋，寻觅崇明百年历史。

财贸村沿环岛两侧聚落鸟瞰（2023年8月曾逸琳摄）

财贸团状村聚落鸟瞰（2023年8月曾逸琳摄）

财贸村倪葆生旧居（2023年8月许良璨摄）

倪葆生旧居修缮后入口门头(财贸村)

倪葆生旧居院落庭院(财贸村)

4. 建筑特征

民居建筑主要以 1990 年代和 2000 年后翻建为主,多为二、三层建筑,多使用双坡屋顶的形式,屋顶材质多为琉璃瓦。建筑立面材质多采用瓷砖、水洗石,以白色、绿色、红褐色拼接搭配。

5. 文化传承

按照崇明习俗,年糕要吃到农历二月初二,俗称"撑腰糕",《崇明县志·风俗卷》载:"二月二日,祀土地神,吃撑腰糕。"因为阖家人多口杂,如果不做个又大又厚的糕,难以维持到二月二日。

糕与"高"谐音,年糕寓意"年高",是民众每个人对于新的一年的美好期盼。在崇明人看来,只有把又大又高的年糕蒸出来,让全家人都吃上一年,才能带来"年年高"和"年年有余"。对崇明人而言,年糕不只是一道点

倪葆生旧居修缮后偏房(财贸村)

心,更是新年的象征,是游子的思念。

崇明板糕又称崇明印糕。旧时崇明有种习俗,谁家的儿子订婚了,就要拍一大堆的板糕,送到女方家。如果谁家有孩子过了百日,也要拍板糕,由村里人挨家挨户地送。送板糕还有一个规矩,就是两个板糕必须背靠背,成双成对,不能一个一个往里送。制作板糕为什

倪葆生旧居正门(2023年8月宋宁摄)

倪葆生旧居屋顶形制（2023年8月宋宁摄）

倪葆生旧居建筑结构（2023年8月鲁昀摄）

倪葆生旧居修缮后前厅飞椽雀替与正院门（财贸村）　　　倪葆生旧居宅沟林荫（2023年8月鲁昀摄）

么不用"做"，要用"拍"？其实那是个象声词。将拌好的米粉放进模子里成型的那一刻，就得使劲一拍才能做好（印糕的模子都要用上等的木板做成）。因此，崇明人管"做印糕"为"拍板糕"。

崇明糕制作现场（财贸村）

3.2.2 四泼村

1. 总体概况

四泼村位于堡镇东南角，靠近崇明岛长江口南海边缘，东至四泼港，西至小漾河，南靠长江大堤，北至环岛运河，向堡公路、合五公路贯穿全村东西，南北交通便捷。村域面积441公顷，自然村共2个；耕地87公顷，园地2公顷，林地125公顷，陆地水域22公顷。

现状户籍人口3663人，其中常住人口2470人，外来人口120人。常住人口中16岁以下人口202人，60岁以上人口1535人。

村庄主导产业为农业，农业收入主要来源为水稻（种植作物），主要农产品为大米。农业规模化经营面积为100公顷，耕地3327亩（约222公顷），已流转2210亩（约147公顷），耕地经营权流转率66%。村集

四泼村空间格局（郑铄绘）

体可支配收入120万元；村民年收入1.9万元，其中非农占比为25%。

2002年2月由四泼村、泼村村合并，新村名为四泼村。四泼村得名于原四泼镇，相传始建于清代，清末民初较为繁华，后逐渐衰落。

四泼村团状聚落空间（2023年8月许良琛摄）

四溆林田间聚落空间（2023年8月许良璨摄）

崇明《徐氏家乘》称"化龙后"，即迁崇第9世徐启元（谱名化龙）长子徐云锡（字君锡）的后裔，住"四溆岸南"，俗称"南四溆"，老街犹存，原有老街现位于四溆村内。

2. 空间肌理

四溆村四面临水，以河道围之，东至四溆港，西至小漾河，南临长江，北至南横运河。村庄内有溆海河、溆新河横向贯穿，聚落空间主要沿此两条河流平行分布，垂直于四溆港。农田分布于河流之间，与村居形成"前居后园"的形式。

村庄聚落主要沿溆海河、溆新河两侧分布，呈鱼骨带状，水系、街巷、村居、农田序列分布，其他个别村居呈组团状、片状镶嵌于农田、林地之中。

四溆村水边聚落（2023年8月许良璨摄）

四溆村古银杏树（四溆村）

四溇村老宅（2023年8月郑君摄）

四溇村老街（2023年8月郑铄摄）

3. 特色场景

四溇村内有一棵古银杏，是崇明目前发现的最老的古树，位于村里四溇北河二号桥南岸的古银杏公园内。1986 年被列为上海市一级保护古树名木。据《崇明县志》卷三十记载，此树约植于万历二年（1574），距今 460 多年。东株为雄，西株为雌。

西侧雌性古树在 1985 年被雷击中后枯死。民间传说雌树是为了保护雄树而承受了雷击，为爱献身，舍弃生命保护"爱人"。从此，四溇村的秋冬再也不见满树的银杏果，只剩一株雄树（树高 31 米，冠幅 15 米，胸围约 4.5 米）在阳光熹微时，抖落满身金黄，寄托相思之情。

四溇村村内有一栋约百年老宅，曾为一座四合院，现只剩主屋和一侧厢房。

溇村镇老街是四溇村的特色历史空间，位于堡镇东约 4 公里处，南靠大通河，西临小漾河。相传明末清初，由于溇村镇地处大通河，东与四溇港相通，西与县城相连，是水陆交通的枢纽，成为四面八方的商贩、客商开张营业的一方宝地。其中有该镇上的商贩施溇村，利用他自己的两条船，来往于岛内外进行

土布及农副产品交易经商，据称，当时他的布庄拥有周转布匹在千匹以上，运销山东、东北一带，资本厚实，交往广泛，颇负盛名，后人就用他的名字来命名老街。

四溇村民居观音兜（2023年8月许良璨摄）

4. 建筑特征

民居建筑主要以 1990 年代、2000 年后翻建为主，大部分为"一"字形，少量"L"形。村内还有少量晚清民居，以两合院、四合院为主。晚清时期建筑墙体色彩多以白粉墙为主，部分为自然木色；屋顶多以黑灰色为主部，以坡屋顶为主，部分建筑屋脊采用祥云形式的纹头脊；山墙形式多以"人"字形硬山为主，少量清代民居有观音兜形式；以木制门为主，部分有闵门形式出现；窗户形式为木格窗。

5. 文化传承

四漖村以建立世界级生态岛为契机，以村落复兴计划为指引，深化发掘"银杏文化"，努力打造"一村一品"项目。四漖村第四网格支部的党员们经常齐聚四漖村百年古银杏树下，听老党员施祖明解说百年古树故事。

四漖村民居屋脊、门楣雕饰（2023年8月李钰摄）

四漖村民居闵门木窗（2023年8月许良璨、李钰摄）

四漖村村民传承"银杏文化"（四漖村）

3.2.3 五潀村

1. 总体概况

五潀村东西长 3.7 公里，南北宽 1.4 公里，东西向道路堡潀路横贯整个村，南北向有合五公路交通便捷。东至米行村通往南海村的连通道路，西至小漾河，南至环岛运河，北至四号横河。村域面积 518 公顷，耕地 186 公顷，园地 2.56 公顷，林地 117 公顷，陆地水域 4.6 公顷。

现状户籍人口 3241 人，常住人 2200 人，外来人口 195 人。常住人口中，16 岁以下人口 116 人，60 岁以上人口 1371 人。

村庄主导产业为农业，水稻为村中主要农产品，同时村民多有自种枇杷，为本村特色产品；耕地 999.95 亩（约 67 公顷），已流转 777.45 亩（约 52 公顷）；耕地经营权流转率 77.7%；村集体可支配收入 133 万元；村民年收入 15000 元，其中非农占比 25.6%。

《清一统志·太仓州》称"五潀镇在崇明县东。有县丞驻此"。民国初年，此地是箔沙

五潀村空间格局（郑铄绘）

乡的一部分，抗战时期分为四潀、五潀两乡，五潀村则是原五潀乡的商业、企业、文化中心所在地；抗战胜利后合并为登瀛乡；1952 年 8 月，划为五潀、东新、潀四、新西 4 乡，1957 年 9 月，合并为五潀乡；1958 年 9 月成立五四人民公社，同年 12 月与合兴人民公社合并成立五潀人民公社；翌年 4 月又同合兴分开，仍称五潀人民公社。

五潀村沿河聚落（2023 年 8 月陈雨杉摄）

五浍村鱼骨聚落（2023年8月陈雨杉摄）

2. 空间肌理

村域整体呈自西北向东南走势，形似条状，民居排布基本沿五浍村排布；田在两侧夹宅而依，呈现"田—宅—河—宅—田"的空间格局；四浍河东侧耕地基本流转，种植公益林，宅林相依。

村庄聚落主要沿东西五浍河及堡浍路、三号横河沿路成"一"字形排布，部分略有参差错落，形似鱼骨。历史上，村民依托五浍河与四浍港进行水运交通，行往全岛。

3. 特色场景

五浍村民居在建筑装饰上运用鱼鳞窗。鱼鳞窗是海边人民的建造智慧，将鱼鳞、贝壳、蚝壳等打磨得薄且透光，代替窗纸安装在窗格上。白天可透日光，夜晚可透烛光。

五浍村内有一历史保护建筑——沈氏老宅，沈氏老宅具有水乡建筑的特征，白墙灰瓦，朴素清丽。

4. 建筑特征

晚清时期民居建筑外墙多以砖墙外粉石

灰，屋顶材质以小青瓦为主；建筑墙体色彩多以白粉墙为主，部分为自然木色；山墙形式多以"人"字形硬山为主。1990年代民居及2000年后翻新民居以白色、红褐色拼接搭配。

5. 文化传承

五浍村经常开展节日庆典活动。春节开展了"喜迎元宵节、趣味做灯笼"为主题的亲子手工DIY活动。重阳节的习俗少不了吃重阳糕、喝菊花酒，小朋友们送上亲手制作的节日贺卡，以茶代酒祝福爷爷奶奶健康长寿。

五浍村沈氏老宅（2023年8月李钰摄）

五溇村民居鱼鳞窗（2023年8月郑铄摄）

五溇村民居木门花窗（2023年8月李钰摄）

五溇村民居材质和色彩特征（2023年8月李钰、郑君摄）

3.3 三星镇

3.3.1 草棚村历史文化风貌区

1. 总体概况

三星镇草棚村历史风貌保护区是上海 44 片历史风貌保护区之一，位于崇明西部，北至星虹路临协进村，南至邋遢港（腊塔港）临洪海村，东至星月路临东安村，西至白港河临海洪港村。风貌区用地面积为 2.69 公顷，风貌区外围的规划范围为环境协调区，用地面积为 9.87 公顷。

现存风貌区范围内的用地主要为原商业服务业用地和村民住宅用地，其中原商业服务业用地在核心保护范围内，沿老街两侧分布，面积约 0.42 公顷，但现已完全处于闲置状态；村民住宅用地位于建设控制范围内，与风貌区外围的环境协调区内的村民住宅用地连成一片。村民住宅用地占土地利用现状的主体，占规划总用地的 58.7%，主要分布在规划范围的西侧。

旧时有黄氏三兄弟从庙镇迁到此地，就地取材，用稻草、芦苇、竹片等编成草棚屋，当商店出售杂货。其后相继有村民来此居住，开办买卖。周围又聚集了大批围垦造地的贫困农户，居住的也是草棚，故名此地"草棚镇"（后失火烧毁）。

1949 年前，海洪港轮埠就在镇的西南，旅客往来，络绎不绝。数十条渔船出海捕鱼，回来后在镇上销售，加上西沙涨滩逐步围垦，

草棚村聚落肌理鸟瞰（2023年8月许良璨摄）

原手工业社
原信用社
原供销社（已改造）
老菜场
（无留存）
黄金甫故居
原茶室
车坊
邮政局
海洪港
原天后宫庙
（无留存）
吴家弄
解放新街
（原老街）
白港河

草棚村原功能布局还原（2023年8月许良璨摄，李钰绘）

外来人口不断增加，一些财主商人纷纷在镇上开设各类商店，有恒裕丰、方万生烟酒店、源盛泰南货店等等。总之，凡是当时当地群众日常生活必需的商品或服务行业应有尽有，市场兴盛，逢年过节，更加热闹。

1949年后，海洪港逐渐淤塞，渔汛不断缩减终于消失，草棚村也在不断变化发展。1956年对私有制改造后，社会主义商业占了主要地位，供销社经济不断发展壮大，原来的店铺商贩合并成了合作商店。到七八十年代，供销社在镇上设有南货、百货、针织、五金、中西药等14个门市部，合作商店设有百货、杂货、饮食、照相等7个门市部，并有信用社、卫生院、敬老院、农机站、运输站、文化站、手联社、工商所、派出所、针织厂、海洪小学等县乡企事业单位。

1985年，乡政府制订并实施集镇向东延伸的规划，逐步形成草棚镇新老街区并存的格局。1990年起，三星乡政府机关迁至草棚镇北首，集镇范围也向北拓展。如今，它宁静简朴，保留着古老的风貌，也因此被列为历史风貌保护区，正在等待修缮并绽放新姿。

草棚村周边环境：白港河（2023年8月陈雨杉摄）

草棚村周边环境：邋遢港（腊塔港，2023年8月陈羽杉摄)　　　　草棚村商业街现状（2023年8月郑君摄)

2. 空间肌理

三星镇草棚村西邻白港河、海湾港河，南临邋遢河，周围无其他耕地、水道、林地，被两河与其他居民区包围其中。草棚村历史文化风貌区布局形态为一条长约300多米，宽4～5米的老街，老街向东与新镇区的解放新街相连，向西至白港河岸。老街两侧分布着不同年代的建筑，建筑沿街面大多为商业店铺。

3. 特色场景

老建筑中最具代表性的一幢建筑为位于核心保护范围老街中部的一幢砖木结构的两层百年楼房——黄金甫故居，相传由最先来到草棚镇安家立业的黄氏三兄弟在20世纪初建造，三个开间，总建筑面积约150平方米，建筑风貌保存良好。

老街是风貌核心区内的骨干道路，用碎石块铺装，中间高，两旁低，便于排水。老街长约300米，宽4～5米，与两侧的沿街建筑高宽比大致为1:1，老街尺度小，空间感强。

4. 建筑特征

风貌区内现保存有多处立帖结构的建筑，屋顶多为茅草铺就，砖砌方式与江南传统做法不同，同江北做法，传统上称"如皋式"，并且保留有旧时商业建筑中的上翻店门和全部卸门框，体现了自然村落商业街的特色。

解放新街112号，建于20世纪60年代，属于三星供销社房产，目前处于空关闲置状态。

建筑风貌相对较好，墙上的店名还清晰可见。

解放新街126—138号，建于20世纪初，是一栋长条形的旧时商业建筑，保留有上翻店门、全脱卸门框等，目前处于空关闲置状态。

解放新街161—163号，建于20世纪初，是一栋长条形的旧时商业建筑，属于三星供销社房产，目前处于空关闲置状态。

解放新街150—152号，建于20世纪初，是一栋传统民居建筑，房屋结构采用"如皋式"建造法，目前无人居住。

5. 文化传承

草棚村中还保存有崇明非物质文化遗产之一——灶花。泥瓦匠以锅底灰和水调成墨汁，然后在粉刷得雪白的灶壁上作画，这样的"灶花"至今依然生动精致。一些村舍的房前屋后还保留有圆圆的石井，老商铺的标语变得若隐若现，这些小细节都展现出草棚经历岁月变迁后的满满故事感。

灶花、水井（2023年8月许良璨摄)

草棚村老街道路（三星镇）

草棚村保留建筑：解放新街112号（三星镇）

草棚村保留建筑：解放新街126—138号（三星镇）

草棚村保留建筑：解放新街150—152号（三星镇）

草棚村保留建筑：解放新街161—163号（三星镇）

3.3.2 新安村

1. 总体概况

新安村位于三星镇东部，北与海安村为邻，南与平安村为邻，西与大平村为邻，东靠庙港。村域面积 217.6 公顷，其中耕地 130 公顷，林地 62 公顷，陆地水域 5 公顷。

村域常住人口 725 人，户籍人口 1240 人，外来人口 9 人。常住人口中，60 岁以上人口占 40%。

2022 年村内主导产业为农业和旅游业，村集体可支配收入 58.98 万元，村民年收入

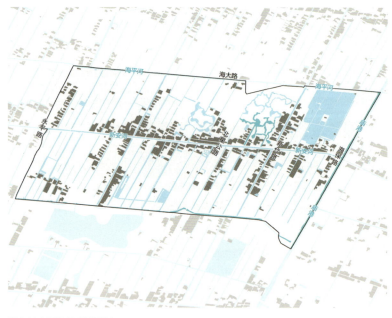

新安村空间格局（郑铄绘）

新安村鱼骨状聚落（2023年8月杨瑞摄）

37977 元，其中非农占比 32%。主要农产品为水稻，特色农产品为苦草。农业规模化经营面积为 10 公顷。

新安村所处区域原为长江口平安、协安、长安等的沙滩。据传清同治三年（1864）围坪造田时逐步形成市镇。历史上，新安村原为新安镇，位于崇明西部主干河道望仓港与岔蜂港之间，又名横河镇、既港镇，为崇明西部地区重镇之一。镇上有新安老街，昔日街上热闹繁荣，行人车辆络绎不绝。后因拥有大量良田从而逐渐建成早期的三星镇，新安村位于三星镇东部。2002 年 4 月新安村与新仓村合并。

2. 空间肌理

新安村位于三星镇西部，北星公路从村域中部纵穿，是村域内交通要道。庙港位于村域东侧边界，村域内新安中心河等镇、村级河道纵横交错。农业以粮食种植、科创产业为主。

聚落整体呈现鱼骨状形态。农村居民建筑沿村主路和河道平行布置，呈带状布局。村落布局垂直于田间道及镇级河道，沿村路及沟渠呈行列式延伸，形成了颇具特色的鱼骨状村庄建筑肌理。

3. 特色场景

1921 年，历史上的新安镇建造石块街面、石条街沿，盛极一时，为崇明西部地区重镇之一。有 120 米老街保留至今，两侧商铺保存良好。

4. 建筑特征

建筑平面布局多为"一"字形和"L"形，常有耳房作为辅助用房。新安老街附近传统建筑为穿斗式木构架，开间不大，具有一定的地域特色。

现代建筑材质多以混凝土为主，采用铝合金作为饰面。传统建筑材质以砖作、木作为

新安村鱼骨状聚落（2023年8月杨瑞摄）

新安村老街（2023年8月宋宁摄）

主，墙面为砖墙外粉石灰，砖墙外用竹片覆面，屋顶为传统民居常用的小青瓦。整体色彩为白墙 + 黑瓦 + 灰色细部，呈朴素的黑、白、灰色调关系。

屋面形式多以双坡硬山顶为主，高低错落有致，有老虎窗。联排长屋顶铺设的砖瓦有青、赤色彩变化。立面山墙形式以"人"字形硬山为主。

新安村老街特色场景（2023年8月宋宁摄）

新安村建筑（2023年8月宋宁摄）

新安村民居内部结构体系（2023年8月宋宁摄）

新安村民居屋面特征（2023年8月杨瑞摄）

新安村民居立面特征（2023年8月宋宁摄）

新安村墙门仪门（2023年8月宋宁摄）

新安村民居的花砖漏窗（2023年8月宋宁摄）

传统民居大门样式简单，以木宕为框，中间立实拼木门。老街建筑以木框玻璃窗和支摘窗为特色。

5. 文化传承

今村内有一泥瓦匠，能信手绘画灶花。灶花作为上海市非物质文化遗产，除灶沿部分用石灰粉刷之外，其余部位均用墨线勾勒出轮廓。泥瓦匠在灶花的色彩运用方面精湛熟稔，具体做法是在灶头砌成以后，在灶山上所粉刷的石灰还未干燥时，泥瓦匠立即挥笔在上面作画，其颜料能渗透进粉层，以后随着灶花的烘烤和自然挥发，灶山渐干，上面的画作就能经历几十年而不变其形。

当地居民会在元宵节时制作茧团银子，寓意来年的丰收。茧团银子是用白米和糯米按照比例做成蚕茧、银子、小鸡、小鸭的样子。茧团银子没有馅，只加点白糖，但并不妨碍它成为正月半的传统美食。"茧团银子两头大，吃子各自寻头路。"这句话意思就是吃了茧团银子以后，大家就要各自出去打工了，这"年"也就算过完了。

新安村民居材质特征(2023年8月宋宁摄)

新安村民居色彩特征(2023年8月宋宁摄)

崇明灶花(新安村)

茧团银子(新安村)

3.4 庙镇

3.4.1 米洪村

1. 总体概况

米洪村位于庙镇西首，东至太平竖河，西至庙港，南至白米沙洪，北至张家港。村域面积 330 公顷，其中耕地面积 113.78 公顷，林地 113.33 公顷，陆地水域 9.13 公顷。自然村 2 个，共 16 个村民小组。

村域常住人口 1490 人，户籍人口 1608 人，外来人口 96 人。常住人口中，16 岁以下人口 57 人，60 岁以上人口 727 人。

主要就业方向为务农和服务业。村集体可支配收入 100 万元，村民年收入 30000 元，非农占比 27%。主要农产品为水稻，特色农产品有白山羊。农业规模化经营面积为 51.6 公顷。耕地经营权流转率 100%。

米洪村空间格局 (郑铄绘)

米洪村聚落带 (2023年8月杨瑞摄)

米洪村条状聚落（2023年8月杨瑞摄）

米洪村始建于清朝时期，其时村内有无为寺，无为寺续存至今。

2. 空间肌理

米洪村村域空间均质方正，由四条水系包围。村域空间内部被腊塔港和安宏路一侧水系分成均质的"田""十"字格局。聚落空间呈带状规律分布。

米洪村民居主要沿道路成条状布局，形成两条聚落带，与沿太平路分布的聚落成垂直之势。宅前屋后林田相间，一片沃野千里的田园风光。

3. 特色场景

米洪村内有一寺庙"无为寺"，又名"吃素庙"，迄今已有 120 多年历史。系崇明西部著名佛教寺庙，始建于清朝咸丰、同治之际

米洪村20世纪90年代民居建筑立面（2023年8月宋宁摄）

（1880 年前后）。近年，无为寺经过修缮，大唐风格建筑庄严雄伟，成为崇明名胜古迹。无为寺先后获评上海市"文明宗教场所""和谐寺观教堂"等荣誉。此外，米洪村有一棵百年榉树。

4. 建筑特征

民居建筑材质以砖作为主，墙面为砖墙外粉石灰，屋顶为传统民居常用的小青瓦。米洪村整体色彩呈朴素的黑、白、灰色调关系，20 世纪 90 年代建筑会以红、绿等鲜艳色调进行点缀。建筑立面以"钻石""菱形"等装饰点缀。

5. 文化传承

无为寺由胜莲和尚创建并主持寺务。之后，相继由自性、广照、宗莲、广仁等法师修持并主持寺务。每逢佛期圣诞，来自启东、海门、常熟、福山等地及本地西部的信徒云集于此，礼佛敬香，一时香火鼎盛。1993 年 11 月恢复开放无为寺，重建大殿和东西厢房楼。1996 年，无为寺在原址公路北重建。1997 年 1 月，建成大雄宝殿，高 11.4 米，建筑面积 288 平方米，雄伟庄严。1998 年 3 月起，逐步完善寺庙建筑，经堂、僧寮、膳堂等相继建成，经书、法器、幢幡等一应俱全，佛像庄严，香烟缭绕，恢复了佛教丛林景象。

米洪村无为寺、古树、河道(2023年8月宋宁摄)

3.4.2 万安村

1. 总体概况

万安村位于崇明区西南部，庙镇东南部，北接联益村、万北村，南临长江，西至鸽龙村，东至城桥镇元六村。万安村耕地 3045 亩（203 公顷），粮田 1250 亩（约 83 公顷），常年菜田 30 亩（2 公顷），林地 86 亩（5.7 公顷），鱼塘 10 亩（0.7 公顷），畜禽场 25 亩（1.7 公顷）。

万安村常住人口 1992 人，户籍人口 2758 人，外来人口 106 人。常住人口中，16 岁以下 115 人，60 岁以上 1240 人，人口老龄化率 37.8‰。

万安村产业以农业作为主导产业，以水稻种植为主，同时种植特色农产品翠冠梨。

村落的形成和历史与"万安"一名紧密

三个万安村"串珠成线"（《南通日报》微信公众号）

相连。村书记提供一种说法，"村名源于万安镇，旧时万安村属于镇建制，村子因为靠近长江，由万安港连接四方商贾，在 20 世纪 30—50 年代非常繁华"。据村志，原万安镇坐落于今庙镇万安村境内，原万安镇街道东西长 300 米，距离长江堤岸约 700 余米，万安港大河从镇中穿过，将这条街镇分为东街和西街。20 世纪 50 年代以前，万安镇是一条非

万安村"十"字聚落（2023年8月曹鑫浩摄）

万安村带状聚落（2023年8月曹鑫浩摄）

常繁盛的乡村集镇，街上开有南货店、茶馆店、米行、布庄等。还有一说是万安村因桥得名。万安桥在庙镇，原址位于该镇集贸市场北首、和平街 128 号范宅附近，东西向，跨南北向的河道（镇河），俗称"西石桥头"，以区别于东面的石桥（位于庙镇民华村，南北向，跨东西向的便民河，俗称"东石桥头"）。名称始见于清雍正《崇明县志》卷五《桥梁》：万安石桥，周神庙镇，里民张君仲、张君甫捐造，城西二十二里。嘉庆《大清一统志太仓直隶州》记载：万安石桥，在崇明县城西二十二里，周神庙镇。1962 年，鉴于河道狭窄淤浅、很不卫生，为解决镇区范围内污水排泄，填河排设下水道，桥就不存在了。

2002 年由原来的崇安村、万安村合并为新的庙镇万安村。

2. 空间肌理

万安村由三水系包围。村域空间内部被万安路及江万公路切分成"田"字"十"字格

万安村空间格局（2023年8月郑铄绘）

局。"田"字"十"字格局的东北角有大量水系塘河,适用于鱼塘养殖业。

聚落平行于万安路及江万公路,整体呈"十"字脉络分布。部分向支渠延伸形成"十""艹""丰"字形态。

3. 特色场景

万安村原地理位置优越,它作为航运口,原来整个镇子较为繁华,沿河有市集,现在河流道路依旧可见。但河流两侧的房屋经翻修和整改,现存较少。滨河散布点状民居建筑,颇有江南小桥流水之风雅。

万安村枕河而居(2023年8月曹鑫浩摄)

4. 建筑特征

村内民居主要为1990年代翻新的现代建筑,建筑平面大部分为"一"字形和"L"形。村中最早的建筑为约20世纪80年代留下来的一栋民房,为保存较好的沿河现存建筑。整个建筑采用粉墙黛瓦,整个房子都由灰砖建成,两梯拔木结构承重。

现代建筑材质多以混凝土、瓷砖或水洗石贴面为主。传统民居屋顶为常用的小青瓦。

老街建筑还保留着木板墙、木板床、木格窗的形式。

万安村民居色彩特征(2023年8月范依婷摄)

5. 文化传承

在与村中老人交谈的过程中,了解到一个故事。江苏启东与崇明地域相邻,隔江相望。都说崇启一家亲,隔着一条长江,有两个说着同样方言的万安村。神奇的巧合不止发生在长江北支的两岸,就在长江南支崇太长江隧道太仓1号井临近的地方,还有个万安村——太仓浏河镇万安村。这三个原本"散落"在长江沿岸不同地区的同名村庄,因为北沿江高铁的建设而被真正"串珠成线"。

万安村传统民居建筑材质特征(2023年8月戈敏琦摄)

万安村临河民居（2023年8月徐永信摄）

万安村传统民居结构体系（2023年8月徐永信摄）

万安村民居闼门木窗（2023年8月范依婷摄）

3.5 港西镇:排衙村

1. 总体概况

排衙村位于崇明区港西镇东部,东至老滧河,西至三沙洪河,南至油车河,北至八字桥河。排衙村共有 2 个自然村,总面积为 309.99 公顷,其中耕地 26.86 公顷,林地 223.17 公顷,城乡建设用地为 42.54 公顷。本村可耕地面积 2709 亩(约 181 公顷)。

排衙村现有常住人口 1345 人,户籍人口 1325 人,外来人口 20 人。常住人口中,16 岁以下人口 31 人,60 岁以上人口 930 人。

村民主要就业方向为务农和外出务工。村集体可支配收入为 14.83 万元,村民平均年收入为 22739 元,以农业为主导产业。

排衙村空间格局(郑铄绘)

排衙村带状聚落(2023年8月曾逸琳摄)

排衙村民居（2023年8月宋宁摄）

排衙村得名于排衙镇。排衙镇是历史老镇，原名南排衙镇，简称南镇，建造于1870年代，东西向街道，石板街面，长约300米。清末民初有安徽、南京等外地商人来此开设店铺，海门县第一任县委书记陆铁强和崇明县第一任县委书记俞甫才就出生在本村。

历史上排衙镇有北排衙镇和南排衙镇之分。北排衙镇原名榔头镇（镇上打铁、箍桶用榔头敲打声多，故名），位于今东风农场六队，北沿公路北侧的老滧河边，建于清咸丰年间（1851—1861）。清光绪（1875—1908）初年，崇明岛北部水域大小沙洲已陆续涨出水面。不久，诸沙洲连成一片，称之为北沙。北沙归属崇明，崇明地方政府管理人员前往北沙勘丈土地、处理行政事务等，北沙押解税收、钱粮、案犯到崇明县城等，必经榔头镇。因镇上来往人员和驻扎住宿较多为南北两沙办理公私事务者，人们就把榔头镇改为"排衙镇"。排衙者，排衙公事，即崇明县府衙门铺排到这里，承办公事，驻屯铺张，设站堆物，摆堂歇宿。这就是排衙镇名称的由来。

清末民初，崇明北支水域坍塌，岸线逼近排衙镇，排衙镇北部居民不断南迁，地方政府也筹备排衙镇南迁，新镇于南一公里许的老滧港两侧和东西向庙子河北部择址。20世纪20年代，江堤经常溃决，全镇民房南迁，最后排衙镇坍入长江中。南迁的排衙镇人们称其为南排衙镇。它的规模不亚于坍入长江的北排衙镇，东西向街道，铺设石板，老滧河上架有应龙桥（也称进德桥），连接东西两街，街道西端还有南北街面，全长近300米。

1950年后，该镇隶属排衙大队，有居住从业人口200人左右。1978年老滧河拓宽之后，南排衙镇东街部分市房拆除，镇上百姓日用品大多仍能供应，集贸市场不成规模，日均摊位不足20个。较有影响的听书场，可容纳二三百人，伴有弹、唱、戏曲等节目。1990年代，排衙镇早集市尚有百人。进入21世纪，早集市人数不断减少，2005年，早集市停止，街面只有杂货店和理发店。

2002年4月，排衙村与兴农村合并为排衙村（以历史老镇排衙镇命名）。

2. 空间肌理

村域空间由村居、田野、河流、道路划分呈规整的空间，主要有三条横向河流——八字桥河、庙子河、油车河，及两条纵向河流——老滧港、三沙洪，共同组成水系格局。

村落与自然景观呈"一"字形排列，农村居民点沿村主路和河道平行布置，呈带状布局。排衙村建筑群体沿河分布、沿路而建，主要沿东西横向呈"一"字形排列，西部有部分向南北方向沿渠道纵向延伸。

3. 特色场景

排衙村留存着老街的历史建筑，房屋结构以木结构、砖木、砖混为主，部分商铺有架空的凉棚，从这些留存的老街建筑中可以一窥排衙村曾经的商业繁荣景象，具有一定的地域特色和文化底蕴。

4. 建筑特征

历史老街建筑结构以木结构、砖木、砖混为主，开间不大，具有一定的地域特色和文化底蕴。部分商铺有架空的凉棚，颇具历史特色。

排衙老街（2023年8月宋宁摄）

排衙村民居内部结构（2023年8月宋宁摄）

　　建筑外墙多呈现青灰色。屋面形式多以双坡硬山顶为主，高低错落有致，墙面局部有老虎窗形制。

　　传统民居大门样式简单，以木宕为框，中间立实拼木门或木格门。老街建筑以木框玻璃窗、支摘窗、石砌花窗为特色。屋脊上有"囍"字、祥云、凤凰等图案。

排衙村民居墙门（2023年8月宋宁摄）

排衙村民居花砖漏窗（2023年8月宋宁摄）

3.6 新河镇：井亭村

1. 总体概况

井亭村位于新河镇西部，地理位置优越，交通十分便利，北部有团城公路贯穿全村，东面紧靠镇中心及富盛经济开发区，西接城桥镇，南临长江。村域面积 420 公顷；自然村落共 2 个（为群村、井亭村）；现状耕地 168.2 公顷，园地 5.33 公顷，林地 127.9 公顷，陆地水域 12.83 公顷。

现状户籍人口2980人，常住人口1250人，外来人口 72 人。常住人口中，16 岁以下人口 126 人，60 岁以上人口 820 人。

村庄主导产业为农业，农业收入主要来源：水稻（种植作物），耕地已流转 751 亩（约 50 公顷）；耕地经营权流转率 69%。村集体

井亭村空间格局(2023年8月郑铄摄)

井亭村带状聚落(2023年8月许良璨摄)

可支配收入 5.81 万元；村民年收入 4.5 万元，其中非农占比为 30%。井亭村未来发展旅游业，现已有足球青训中心、豆腐工坊、非遗土布等业态，另西南角临海修建了一座港口，待开放使用。

井亭村名字的由来与清初杨家河镇的杨氏大家族有关。杨家河镇在西南方，镇上出了一个名人杨元诏，继承其父仗义行侠的作风，在地方上修筑道路（通沙路），开凿河道（杨家河），建造井亭与义冢（皇坟）。近代，该处井亭与博济庵合称井亭庙。1958 年，井亭庙改建为井亭小学，"井亭村"以此得名。

2. 空间肌理

井亭村为自然发展村落，田地与林地没有明显的分区，林田布局相互交杂，村落建筑基本沿河道及道路走势排布。

聚落主要沿井亭横河和为群路呈"十"字分布，沿崇明大道南侧支渠呈"一"字分布，其他聚落以簇群散布在田野之中。

3. 特色场景

井亭村村委会斥资重建井亭，恢复古迹，并命名"井亭古韵"。此外，村中还有一棵树龄 100 年的榔榆。

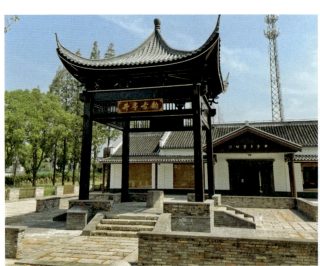

"井亭古韵"与百年榆树（2023年8月李钰摄）

井亭村百年老宅（一）空间布局（2023年8月李钰摄）

井亭村百年老宅（一）结构体系（2023年8月李钰摄）

4. 建筑特征

部分 1949 年前民居布局为"凹"字形或"口"字形。井亭村内有两栋近百年老宅，其中一栋保存较为完好。两栋建筑整体布局呈"口"字形，建筑结构皆为穿斗式。

部分 1990 年代及之前民居建筑保留了当地特色民居元素，如木门、纹头脊、山花、墙饰等。村中一处百年老宅只剩主屋和单侧厢房，但主屋保存较为完整，木门、木格窗、铜制门环都还保留着。1990 年代后新建建筑还有凤凰、祥云等图案脊饰。百年老宅还保留有精美的梁下雕花雀替，以及一些破损的花窗木格窗等样式。

井亭村的另一栋百年老宅较为破败，表面材质为青砖抹面；老建筑墙体色彩多以白粉墙为主，部分为自然木色，屋顶多以黑灰色为主。1990 年代前民居屋顶形式相对简单，多以坡屋顶为主，山墙形式多以"人"字形硬山为主。

5. 文化传承

在古代遗址原地重建的"井亭古韵"，有利用民房打造的"布布瀛"土布工坊，有利用旧厂房改建而成的井亭大院，有利用闲置资源改建的井亭豆腐坊、井亭豆腐坊文创园

井亭村百年老宅（二）主屋现状（2023年8月李钰摄）

井亭村百年老宅细部（2023年8月李钰摄）

区和足球青训营，都成为新的"文化打卡点"。

"布布瀛"土布生活馆，向广大市民展示了几百匹各种样式的土布，有"井"字纹、芦扉纹、蝴蝶纹、"人"形纹……馆内还有一些土布纺织工具，游客可以在这里亲身体验土布纺织的奇妙："纺织机下面有脚踏板，两个脚踏板织出来的是二页综，三个脚踏板织出来的就是三页综。"

"井亭豆腐工坊"是由政府和村民一同打造的。崇明陈氏豆腐坊第四代传人陈志昌坚守传统豆腐制作工艺，并让它焕发出生机。相关豆制品有井亭豆腐、井亭豆浆、井亭特色奶豆腐、手磨豆干等。

印糕是崇明地区特色传统小吃，呈方形小块，表面乳白色，甜而松酥，糕面印有各种图案。崇明有句俗语："四月印糕能撑腰。"意思说吃了印糕，一年中田间劳作会腰板硬，干活也不会腰痛了。印糕相比一些软糕，保质期更长，携带更为方便，吃后也更耐饥，而且色、香、味俱佳，所以广受群众喜爱。

井亭村90年代建筑屋脊脊饰（2023年8月李钰摄）

井亭村百年老宅（二）现状（2023年8月郑君、陈雨杉摄）

井亭村百年老宅（二）立面特征（2023年8月郑君、陈雨杉摄）

布布瀛土布工坊（"上海崇明"微信公众号、澎湃新闻）

井亭豆腐（"上海崇明"微信公众号）

崇明印糕（上观新闻）

金秋收割，光明农场（2015年10月龚胜平摄）

04

万顷田野中生长的农场聚落

地理演变与历史发展
聚落肌理和特色场景
民 居 建 筑 特 征
农耕文化中衍生的
非 物 质 文 化 遗 产

4.1　地理演变与历史发展

4.1.1　水系演变

　　崇明自古以修水利为兴。不同于沿江沙洲，江海交汇地带的崇明更易受咸潮影响，促使地方官府民众发展出新的适应措施。明代中后期，官府开始大力举办河渠工程，引导淡水以便加快沙地脱盐，这其中的突出表现是东西向河渠网络的构建。隆庆三年（1569）至万历二年（1574），五年间开挖施翘河等干河九、支河三十三，奠定了崇明岛基本河渠格局。万历《新修崇明县志》卷1《舆地志·河港》载"惟是诸沙绵亘，河港虽多，率多咸潮，每为农病。先年，知县孙裔兴相度水势，开通施翘河一道，引西江淡水，截东海咸潮，深有利于民。嗣是，各沙荒区苦旱涸者皆知开浚。至万历二年……开过干河凡九道、支河凡三十三道，水利旁通，民甚赖之。"

　　施翘河开挖的路线与方向自西向东、贯通全岛。由于施翘河与长江相通，于是迎纳长江来水，"西引淡水，东拒咸潮，变斥卤为良田"。可以说，施翘河的开凿是崇明岛水利工程开发的标志性事件，通过人工整治的方式促进土壤脱盐淡化，促进崇明地区的农耕稻作。与此同时，岛民们自发形成团队，开挖各类民沟水渠，与骨干河道一起构成了崇明岛整体的灌溉水网系统，形成干河横贯、支河蔓延，河渠间圩田纵横的早期农田水利景观。

　　由于崇明沙洲不断迁移调整，原有的河道水渠随着地理格局的演变容易出现淤积堵塞的情况，因此，自清雍正五年（1727）后，平均六七年就有一次较大的疏通河道的工程。清后期，崇明岛大小河渠共约119条。同时，伴随滩涂淤涨与土壤演替，其中又由于水利工程的除咸作用，岛上棉作、稻作不断扩大，盐作萎缩。全岛形成"西稻—中棉—东盐"的农作物耕作分布特征。

　　全岛第二次大型水利工程开发是1950年代后的围垦阶段。全岛水系河道截弯取直，层划分水系功能，形成由"环岛引河—干渠—斗渠—农沟"构成的灌区渠系，可以实现农田灌溉、潮汐排涝、交通运输等功能。例如，中心横河是横贯新海农场的第一条生产生活用水河道，记载着老围垦们的青春岁月和殷切期待："十里横河十里柳，杨柳轻扬荡乡愁。乡愁几何，亦淡亦稠，当年芦荡连天碧，而今百鸟唱丰收。十里横河十里花，花香流水到天涯。"崇明籍诗人徐刚曾在2018年10月为中心横河赋诗一首，道尽了它的岁月变迁。崇明最长的河流是横贯全县东西的南横引河。适应防汛排涝和航运的需要，南横引河经多次大规模疏拓后，西起绿华镇跃进河，东至前哨农

1950—1980年代围垦、疏浚后的崇明水利图（周之珂主编《崇明县志》）

1949年前崇明县水系图（民国《崇明县志》）

场，全长 77.36 千米，是崇明岛南部的主航道和汇水河。

崇明的水系脉络呈现层次明晰的生长脉络。南北向水渠引长江水灌溉农田，同时降渍脱咸供村民生活使用，村落与水渠垂直，东西向展开；为方便农业耕作，村落沿水渠南北两侧双排展开，南北向水渠沿东西方向 150~200 米等距推进；随着竖向村庄在东西向延展，为便于各聚落之间的联系，聚落之间增加了南北向的道路，建筑沿道路展开。灌区渠系一般由干、斗两级渠道输水到田间，农田排水则由农沟直接排入镇级河道，再由县级河道和环岛引河通过沿江水闸排出堤外。

"基层河道"则是遍布全岛的民沟。民沟最初由天然潮沟拉直，因各沙主轴异向，导致全岛民沟有倾角的差别。此后各沙扩展，为使水网有序，外围垦区与内部源地民沟倾角一致，各沙逐步拼合，遂形成联合沙洲上民沟倾角的区块性。在 20 世纪中叶农业集体化前民沟由业户负责频繁疏浚，使倾角长期延续。在后期围垦时代中，民沟经合并、取直、移位等改造已发生改变，逐步演变到了如今较为均质的方格网格局。

目前崇明共有河道 16274 条，以"一环二十八纵"水系为主要框架，覆盖整个岛域。其中市级河道 2 条，分别为环岛运河（由南横引河与北横引河组成）、团旺河，俗称"一环"，环岛运河连通着 28 条贯穿南北的区级河道。另外还有镇级河道 700 余条，村级河道 15000 余条。

崇明自唐代成沙，沙洲内形成洪港潋河，经过人工疏浚开挖、拒咸引淡等水利改造，经过历代治水的探索，形成如今的水系格局。如今遍布全岛的水系经过自然力和人力工程的相互作用，渗透着历史和现代人民之于治水的智慧，造就了岛上的农耕稻作繁荣，民生富庶。

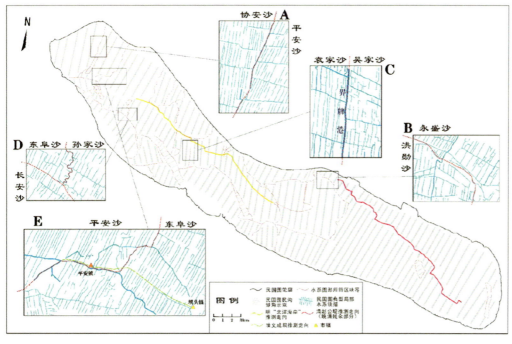

民国时期崇明岛民沟倾角示意（《7—20世纪崇明沙洲变迁新探》）

93

4.1.2 围垦历史

若说崇明沙洲的坍涨并联是自然演变的结果，而岛上的围垦扩张，则是人们与江海较量、争取土地的见证。20世纪50年代末期，上海开启大规模的滩涂围垦。

1. 快速围垦阶段（1956—1965）

崇明岛上第一次大规模围垦肇始于1956年，随后保持一种直线增长的趋势，并在20世纪60年代保持较为稳定的扩张发展。其显著特点表现为规模宏大，进展迅猛，目的明确。在近十年的围垦过程中，"以粮为纲"的思维贯穿始终，并最终决定以副食品基地为建设目标，建立国营农场。1959年崇明首个农场——新海农场正式建立。1960年，中共上海市委、市政府发出"变崇明芦滩、草滩为城市副食品供应基地"的号召，成立围垦指挥部，开始在崇明岛围海造田的壮举。1960—1965年共计围垦36万余亩，其中1960、1961、1963年达到每年围垦10万亩左右的峰值。这5年围垦的总亩数占据三十余年围垦总亩数的六成，可见其高增长和高峰值的特点，也突显当时围垦任务的急迫性——以建立国营农场为主要目标，5年内实现8大国营农场的建立。

2. 全面围垦阶段（1968—1978）

该阶段的崇明岛改变原有大规模围垦的模式。此阶段的围垦总量与上阶段相比有所下降趋势，该阶段围垦总量只占总围垦量的27.4%。在所有权划分上，主要是县、乡、公社为解决本地区的人地矛盾而主动进行的围垦行为。全面围垦意味着除了在原有已围垦土地基础上继续淤涨滩涂进行围垦外，还包括对全岛范围内各片滩涂反复进行的中小规模围垦，这种围垦状态的反复叠加，形成了所谓的"插花地"和"夹心面包"的围垦地理格局。其中除了一些原有农场继续拓展土地以及小规模工业建设用地以外，地方公社也在其中扮演主体地位的角色。

3. 理性围垦阶段（1979—1989）

无论从围垦规模还是围垦总量上看，该阶段都无法与前两个阶段相比较。以围垦总量为例，该阶段共围垦7.4万余亩，仅占围垦总量的11.9%。其原因并非滩涂数量的萎缩，而是围垦思维的转变。该阶段强调滩涂经营的多样化，并依据不同的土地形态采取因地制宜的适度开发方式。崇明岛的生态开发理念已初具雏形。

自1956年至1989年，崇明岛上先后组织61次围垦，围地637612.7亩，合425.1平方公里，占如今全岛总面积的40%。1990年6月原上海市水利局《关于崇明东滩围垦方案的请示》得到市政府批准，1991—2000年间，在东旺沙滩涂再次进行三次围垦，围地6940公顷；1990—1999年间，在团结沙、新村外小坝等7处组织滩涂围垦，共计围地5398.48公顷。崇明岛从1950年代初期不足600平方公里至现如今1400平方公里，上海知识青年和围垦农民用汗水把崇明岛逐渐建设成大上海的粮、棉、油以及畜、禽、水产等各种副食品的供应基地。

围垦时期规模化的农场和整齐排列的条带状大队村庄促成了崇北地区广袤农田和村庄相融的壮阔景观。

新村乡新浜村围垦后的"村—田"景观（2024年8月厉叶摄）

4.2 聚落肌理和特色场景

4.2.1 聚落肌理：均质有序、田村相依

当下崇明的村庄聚落肌理主要由历史时期的自然地理演变、人工工程开发等各要素共同促成。崇明全域多数村庄呈现水系平直，村庄平行或垂直于田埂路或镇级河道，沿村路及沟渠呈行列式延伸，同时沿支渠散布开去。典型聚落肌理为"一"字形。

除单一方向的线形形态外，结合聚落生产生活的实际情况，还会延伸出多方向线形组合，从而形成"X""艹""丰""十"字形等聚落形态。例如，横沙乡丰乐村聚落呈现"丰"字形态，竖新镇仙桥村聚落呈现"艹"字形态，米行聚落由不规则线形组合形成"X"形态等。

除单一方向的线形形态外，结合聚落生产生活的实际情况，还会延伸出多方向线形组合，从而形成"X""艹""丰""十"字形

等聚落形态。例如，横沙乡丰乐村聚落呈现"丰"字形态，竖新镇仙桥村聚落呈现"艹"字形态，米行聚落由不规则线形组合形成"X"形态等。

围垦后全岛农田肌理较为规整均质。支渠间的农田宽度约100~150米，长度在500~1000米之间。同时受制于小规模的农业耕种模式，单块的农田模数在20米×100米左右。农田被民沟支渠划分，呈现条状格局，田村相依且高密度分布的特征。

村庄聚落与农田主要存在这几种组合形式：村落沿村路、渠呈行列式延伸，形成条状、块状镶嵌于田间；村落点状分散点缀于大片农田之间；村落垂直于河道向两侧蔓延，与农田形成犬牙交错的景观。

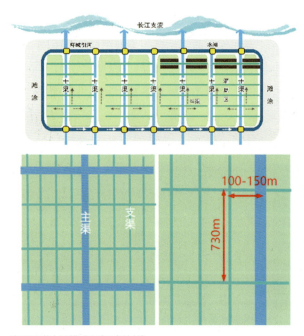

崇明河道水系模式图（丁彦竹绘）

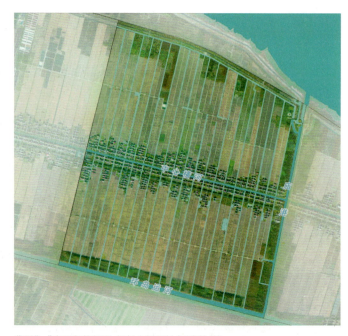

典型"一"字形聚落肌理：新村乡新乐村（丁彦竹绘）

崇明全域村落肌理分析图（郑铄、丁彦竹绘）

新村乡新乐村聚落肌理鸟瞰（2023年8月丁彦竹摄）

崇明村庄田边景色（2023年8月丁彦竹摄）　　　　　　　崇明水桥（2023年8月丁彦竹摄）

4.2.2 特色场景

1.田边：水满田畴稻叶齐，日光穿树晓烟低

无际成片的稻田闪耀着农垦岁月的光辉，配上崇明纯净的蓝天白云，海风江风交融，屋舍俨然，目光所及，每一方每一寸，都是美好的。方正的稻田镶嵌于棋盘网格式的水渠之间，走在田间，细细观察，还能望见田中的虾蟹，它们探出脑袋，爬上笼网，吐着泡泡。这片宁静的土地上，乡景隽永，汩汩水流，可以感受农垦痕迹与现代农业的和谐共生。

2.渠边：青石一二成水桥，鱼蟹其间悠悠然

横平竖直的水渠浜沟是崇明独特的农业空间。崇明网格状的万顷良田由这些沟渠划分，除灌溉引排的功能外，也有鱼蟹在其间生长。在水渠之上，富有江南水乡风情的水桥是崇明当地独有的建构筑物。水桥不是桥，而是江南地区特有的一种水边建筑物——家家户户在宅沟沿河边搭起，平时为当地居民在水渠边浣洗衣物、打水捞物而用的站台板。崇明的水桥，多是用青石板铺成，在河沟沿上，先是一到两个台阶，再往下就是一大块方方正正的青石板，由四根木桩支着，牢牢地横在水面上。

3.宅边：菜园篱落短，遥见桔槔斜

菜园通常与乡间农房及宅前宅后的庭院紧密联系在一起，崇明也不例外。乡村民居旁的农田是村民们自给自足的空间载体，菜园有大有小，形式丰富多样，有的被低矮砖墙或竹编篱笆圈围具有明显的边界，有的是直接敞露边界模糊，无论何种形式这都是乡间自然发展形成的生活生产秩序。小菜园沾染烟火气，意趣通达，风景奕奕。园内种有茄树、菜椒、大蒜、丝瓜、黄瓜、玉米和扁豆等蔬菜，村民们悉心照料这些作物，玉米密匝匝地长得米把高，杆也粗壮如筷，黄瓜趴在架子上，碧绿的叶，蜷曲的藤，朵朵黄花，田趣十足。

宅边菜园（2023年8月丁彦竹摄）

4.3 民居建筑特征

4.3.1 1949年后民居

1950年代农田开垦建设，旧时宅沟陆续被填，独宅逐渐被居民点取代。当下的崇明民居大都沿河而居，横向排开，用后院和场心和别人家的民居隔开，看上去整齐划一，极富沙洲冲积平原的特色。在此期间，房屋多为传统砖木结构，少量应用水泥预制构件。1970年代建房特点是小改大、草改瓦，多为五路椽档和七路椽挡附走廊的平瓦房，一般集中建于河旁路侧。80年代后，以新建砖混结构新式民居为主，不少楼房都是两到三层，甚至有一些四层的高楼。直至90年代，农村相对富裕，追求个性的家庭别墅大量涌现。民居风格多样，以钢筋混凝土为主，建筑牢固，并贴有大量瓷砖，比较考究，注重美观。一般正屋都在三间以上，旁边有单独的厨房，两边有放杂物的厢房。

4.3.2 建筑细部特征

崇明区围垦时期的民居建筑多呈现"白墙灰瓦坡屋顶"的特点，屋顶形式多为单层坡屋顶，山墙多为观音兜，开间较多。部分历史建筑为红瓦望板底，青砖白墙，木构穿斗结构，少量存在垫木，无装饰性构件，结构相对简单。同时，为满足粮仓、聚会、仓储等大空间需求，出现了木构桁架结构。随着时间推移，大跨度桁架结构材料由木材转至钢筋、混凝土，结构也由传统木构转至现代常见桁架组合形式。

陈家镇晨光村有少量1950—1970年代存留的老宅，面阔五间，长屋平房，砖混结构，红瓦屋顶，屋脊两侧起翘有"囍"字雕刻装饰，观音兜山墙，山墙处有糙面装饰；门窗皆为木质板门和栏窗，两侧窗上部有出檐装饰。

陈家镇晨光村民居正立面（2023年8月许良璨摄）

陈家镇晨光村民居门（2023年8月许良璨摄）

陈家镇晨光村民居屋脊（2023年8月许良璨摄）

庙镇庙中村现存一处 80 年代修建的五开间单层建筑，结构体系主要为"木结构 + 砖混结构"。屋顶椽子、梁架均为木结构，其墙体则为砖混结构。屋面红瓦，疑为后世翻修。屋顶仍为望板，然抹灰不见全貌。椽子与立面交接处原有孔洞，麻雀、燕子等可筑巢，现已封闭。

陈家镇瀛东村西北度假村景区内现存有一处 1970 年代牛棚，保留了原本的建筑木构桁架结构，四周墙体主要采用芦苇及木头搭建而成，做法简单，经济适用，满足大批量养殖要求，现已变更为休闲活动场所。

崇明民居装饰丰富，不少民居屋脊两头有仰天长叫的哺鸡，屋脊的中间有卧龙相戏，在屋脊的正上方有一个长方形的框，框中饰有象征吉祥的雕塑，常见的有"福寿禄"三星，也有表现"桃园三结义"的故事。民居的墙上有浮雕，有"熊猫吃竹""飞燕报春"等动物图案，也有刻上"五福来临""平安吉祥"等祝福之意的字画；还有用玻璃贴成菱形、钻石形状等图案。

庙镇庙中村五开间民居立面、内部结构（2023年8月许良璨摄）

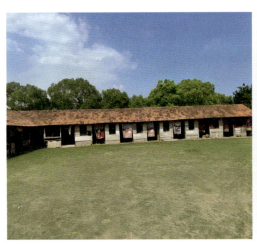

陈家镇瀛东村木桁架牛棚立面、内部结构（2023年8月曹鑫浩摄）

4.4 农耕文化中衍生的非物质文化遗产

4.4.1 崇明山歌与《瀛洲竹枝词》

崇明岛上的先民大多由大江南北迁移而来，他们在崇明岛独特的历史、地理、文化、风俗的长期浸润下，留存下大量内容丰富的民歌，这些民歌在崇明岛上广为传播、传承至今，构成具有区域特征的崇明山歌。崇明山歌既有江南民歌的特色，在表现内容和表现手法上又有其不同之处——它是用崇明方言唱出来的，语言朴素、清新、自然、流畅。崇明山歌有浓郁的地域特色，如大量的耕作和荡滩歌谣，体现了崇明岛由小到大、逐渐积累的特征；较多的捕鱼和行船歌谣体现了崇明四面环水、依海而居的特点。

我国地方上的许多文人，历来尤喜撰写竹枝词。崇明也是如此，有许多文人的竹枝词在民间流传。其中吴澄所撰竹枝词，是值得一提的作品。吴澄（1693—1753），安徽歙县人，字雨苍，号蠡斋，自诩"天都古樗老人"。吴澄流寓崇明30余年，熟悉崇明的风土人情，撰写了许多反映民风民俗的竹枝词，《瀛洲竹枝词一百首》在清乾隆十八年（1753）吴澄去世之年编印而成。这100首竹枝词，真切地反映了清代前期崇明民间的日常饮食起居、耕耘劳作等生活场景。其内容之丰富，涉及面之广泛，描述之生动，要远远超过包括康熙、雍正、乾隆等时期所修多部县志内有关方言、风俗卷内的记载。如在记述崇明旧时春节元宵方面的有《新春》："岁朝满地撒金钱，毕竟新年胜旧年。燃就旺盆煨果子，家神点烛献团圆。"有《恭贺新禧》："整饰衣冠做节来，高通名姓唤门开。相逢作个兜头揖，恭喜连声祝发财。"有《新春待客》："炓糕延坐且留茶，十菜还将五果加。首座令行王十九，明须自饮暗开花。"有《喜闹元宵》："挑杆施放闹元宵，为照田财月渐高。隔壁大娘呼女伴，夜深同去走三桥。"有《请坑姑》："戏毕调狮二更初，丢花篮罢请坑姑。娇羞新妇婆为卜，试问今年有孕无？"还有《扶乩》："门臼娘娘九节姑，兴余还要请灰婆。扶乩邻女弗凑趣，乖巧哆哆怒眼睃。"

如描写县城风貌的有《县城》："朝阳南北及西东，五座门开县设中。风水相传兴异籍，只缘城外建黉宫。"有《土城风貌》："土城桃柳似河阳，嫩绿娇红绕女墙。大寺拜罢讲乡约，决囚都在马王场。"如讲述乡间劳作的有《开沟做岸》："乡村春暇掘民沟，圩岸还须照窀修。预恐秋来潮作患，筑高戗水及扒头。"有《插秧》："宅头四月正农忙，南境低田尽插秧。手执莳禾随口唱，老毛瞎像弋阳腔。"有《五月农忙天》："拉麦将儿置草窠，溻尿溻屎嘱亲婆。架橱内有麦蚕剩，爬糙同倾窜粥和。"有《锄棉》："务农辛苦女娘家，扇几腰裙草帽遮。母女执锄同媳去，四千八里脱棉花。"

如讲到饮食的有《农家美食》："樱珠梅子乍含酸，立夏轻风麦秀寒。觅得螺蛳青壳蛋，摊晒寒豆共盘餐。"有《四月农家》："柳陌风吹蒸饭香，农家都酿菜花黄。雷鸣各捣蟛蜞酱，共待栽秧启瓮尝。"有《夏日》："梅头鱼饼独堪夸，生菜油荠细白虾。五六月间天气暖，家家顿顿吃黄瓜。"

崇明山歌表演（崇明区）

4.4.2 东滩鸟哨

　　鸟哨是崇明东滩地区农民捕鸟时用于诱鸟的一种吹奏工具，至今已有几百年历史。长江流域下泄的大量泥沙到长江入海口，由于江面骤然开阔，流速降低，加上海潮托顶，咸淡水交汇等因素发生沉积，在崇明岛东部形成广大滩涂，滩涂上盛产蛏、蟛蜞、芦苇、丝草等，是鸟类生存的理想场所，而崇明东滩又位于候鸟从东亚到澳大利亚迁徙路线的中间位置，是候鸟迁徙途中必经之地，所以每年有几十万只各种鸟类在此停息。当地农民在利用滩涂捕捉鱼虾的同时，开始捕捉鸟类，他们在捕鸟实践中创造了一张用鸟哨来诱捕野鸟的技艺。

东滩鸟哨传承人金伟国（崇明区）

　　鸟哨用小竹管制成，长约3寸，吹奏者用舌头控制气流，模仿各种鸟叫声，捕鸟者事先布好一张"翻网"，旁边放置几只假鸟，人坐在撑着的伞下，见鸟飞来，吹起鸟哨，真鸟以为同类呼唤，飞到网边被翻过来的网罩住而被捕获。技艺高超者，能模仿三十多种鸟叫声，甚至能吸引百米高空的飞鸟。20世纪80年代开始，我国重视野生鸟类保护，禁止捕鸟，崇明东滩农民就不能应用鸟哨捕鸟了。2002年在崇明岛成立了上海崇明东滩鸟类自然保护区，能吹奏三十多种鸟叫声的捕鸟能手金伟国被聘为保护人员，应用鸟哨来捕鸟，对鸟进行有关数据检测后，套上环志再放飞，专门为研究保护野生鸟类服务，鸟哨发挥了新的作用。

横沙乡新春村编竹编的老人（2023年8月陈宣燕摄）

4.4.4 崇明竹编

　　传统竹编工艺有着悠久的历史，是中华民族劳动人民辛勤劳作的成果，崇明竹编以本地竹子为材料，将竹子剖劈成篾片后编制成各种生产工具。竹编工艺大体上可分为起底、编织、锁口三道工序；在编织过程中，以经纬编织法为主；成品主要是经对竹子切丝、刮纹、打光、劈细等工序，将剖成一定粗细的篾丝编结起来制成。崇明城桥镇马桥村郭志高是"竹编技艺"的传承人，他擅长编制畚箕、箩筐以及竹牛、竹蟹等道具，具有浓厚的农耕特色。捕蟹篮、箩筐等在当下的蟹苗养殖产业仍有不少应用。

4.4.5 木制雕花手艺

　　木制雕花手艺现约有 50 年历史，木匠裁好木料后雕上山水花木，用来装饰在橱门床楣等老式家具上的手艺，在崇明俗称"楔花板""楔花作"。楔花作的制作是个极其复杂的过程，画图、打样、打眼，然后再截木板、打毛坯，最后对花板进行精细地雕刻、修光，将木料打磨光滑。据20世纪80年代新编的《崇明县志》载，新河镇地区有一名沈志新的楔花板匠人，尤精此技。他所雕的花灯、牛角挂书图、苏东坡赤壁夜游、俞伯牙弹琴牌船等花板，均为精品，但都已失传。现今，在建设镇运南村中有一对独立自主的楔花板木匠——宋建平、宋辰星父子，主要接受订单制作明清雕刻红木家具、雕刻摆件、木刻传统绘画等。

4.4.6 崇明灶花

　　崇明灶花是上海市崇明区的传统民俗艺术，属于上海市第一批非物质文化遗产名录的民间美术品种。灶花是民居厨房的装饰画，在每户人家灶头的"灶山"上，画上各种图案和图画，民间称之"灶头花"。崇明灶花的制作方法是泥瓦匠以锅底灰和水调成墨汁，在粉刷得雪白的灶壁上作画，形成具有鲜明崇明乡村特点的灶壁装饰图案。这些图案内容丰富，包括人物、山水、花木、动物等，象征着五谷丰登、六畜兴旺等。灶花构图质朴、纯真，具有浓郁的乡土气息和独特的文化传承价值。

竖新镇跃进村木雕（2023年8月戈敏琦摄）

港沿镇漾滨村灶花（2023年8月李钰摄）

五彩稻田, 新村乡（新村乡）

05

源于农场聚落典型乡村的风貌

5.1 新村乡

1968年，由江口、合作、海桥、城东等8个公社联合组成的围垦大军，来到荒无人烟的崇明西北角的滩地上，他们胼手胝足、筚路蓝缕，依靠辛勤劳作将沧海变为桑田，因是在新开垦的地上建设的新农村，故取名"新村"。1973年成立新村人民公社，1984年政社分设，改称新村乡，沿称至今。1973年，围垦处成立新村人民公社。1984年4月，崇明实行政、社分设时，新村人民公社改建新村乡人民政府。目前新村乡有6个行政村。

5.1.1 新乐村

1. 总体概况

新乐村位于新村乡中东部，东临新卫村，西临新浜村，村域面积419.5公顷，其中耕地263公顷，林地20.9公顷，草地1.32公顷，城乡建设用地7.86公顷。

新乐村常住人口852人，户籍人口785人，外来人口67人。常住人口中，16岁以下人口21人，60岁以上人口666人。

新乐村主导产业为农业，主要农产品为水稻，特色农产品为黄桃。

1968年，新乐村由芦苇荡围垦而来。自1973年成立新村乡人民公社起，逐年完善分区，因本村主要以桥镇、海桥、港西等多地的移民组成，从2002年3月份起正式成立为新乐村村民委员会。从东向西依次是新城、新乐（新桥）、新平三个自然村。

2. 空间肌理

新乐村村域河渠阡陌纵横，主要河道有北岸转河、中心横河、环岛运河、庙港，农田无边无际，集中成片。19条沟渠南北向等距平行分布，贯穿全村，整体形成三横一纵多渠的水网格局。乡村民居沿星村公路及中心横河平行分布、依水而居，长条带状村落的南北两侧均为成片农田，村落与自然景观呈鱼骨形，交错镶嵌排列，风貌特征为水系平直、有序引排、良田万顷。水渠间距约100~120米，田块尺度约40~50公顷。

新乐村空间分布肌理图（2023年8月丁彦竹绘）

村庄聚落主要沿路沿河平行延伸，逐渐生长为多排平行布局形式，呈鱼骨状排列，局部呈现片状形态，是典型的沿水聚落型。聚落规模大小相近，约2公顷。

3. 特色场景

新乐村立足乡村振兴战略，秉承世界级生态岛建设理念，将农业文化旅游三业融合，引入经营主体和引导富有余力的村民开发建设采摘园、民宿、露营基地、研学营地、劳动教育基地、稻香市集等旅游点位，做大做强乡

新乐村空间格局鸟瞰(2023年8月丁彦竹摄)

村休闲旅游。新乐村目前有产业、有景区、有民宿。新建的 AAA 级景区——稻 1968 景区。一期是旧有的粮站改建而成的，集稻米加工、营销、科普、文化展示为一体的稻米文化中心。二期是旧有的收花站改建而成的集米食制作、农村集市、文化展示为一体的米食文化体验馆。三期原本是供销社闲置的小商店，改建后，泥土房子摇身一变，成了精品民宿——稻香花舍，是崇明旧式民居的样子，节假日、周末一房难求。

新乐村稻米文化中心(村委会)

4. 建筑特征

新乐村民居建筑主要以 2000 年后翻建的现代民居为主，建筑以"一"字形排开。结构体系为砖混为主，建筑立面材质为砖墙外粉石灰、瓷砖等，屋顶形式以坡屋顶和平顶为主，大多用小青瓦和红瓦。

现代建筑材质多以混凝土、瓷砖或水洗石贴面为主。屋顶为传统民居常用的小青瓦。新乐村整体色彩为"白墙 + 黑瓦 + 灰色细部"，呈朴素的黑、白、灰色调关系。村中民居屋面样式以双坡硬山顶为主，屋顶错落有致。

5. 文化传承

稻作文化是新乐村的特色文化。2015 年新乐村家庭农场种植的优质水稻"南粳 46"获"新村乡田园米"注册商标。作为优质大米的代表，"南粳 46"品种是新村稻米的精选，可与日本越光水稻媲美。这种大米晶莹剔透、口感柔软润滑、富有弹性、冷而不硬。

1968 年围垦而成的新村乡是一个相对"年轻"的乡镇，历史不长，但新村乡的发展史也是一部"稻米史"。艰苦奋斗、敢于开创新天地的垦拓精神根植于新村人的血液之中，

新乐村米食文化体验馆(村委会)

新乐村稻田景观(村委会)

新乐村民居建筑结构及色彩(2023年8月宋宁摄)

新乐村民居建筑结构体系(2023年8月宋宁摄)

如今,新村乡依托自身优势,从"小小一粒米"上作出了不同凡响的"大文章"。

多年来,新村乡通过连续举办稻米文化节,将其打造成了该乡立足农业舞台、激活乡村潜能的区域品牌。这一节庆活动已成为推介新村产品、讲好稻米故事、展示新村形象的重要舞台,为区域乡村振兴积聚力量,为稻米文化小镇注入崭新活力。

崇明区第六届"五美社区节"暨新村乡第五届稻米文化节在新乐村举办(上观新闻)

5.1.2 新浜村

1. 总体概况

新浜村地处新村乡的中部。东至"二分店"车站，西以界河为界，南至北横运河，北至长江北支。村域面积430公顷，下设14个村民小组。耕地27公顷，耕地经营权流转率92%，园地5.5公顷，林地52.5公顷。

新浜村常住人口782人。户籍人口1597人，外来人口50人。常住人口中，16岁以下的人口76人；60岁以上人口738人。

村庄主导产业为农业，主要工作类型为务农。农业收入主要来源为水稻，主要农产品为粮食，特色农产品主要有果蔬；农业规模化经营面积为187公顷；此外还有养猪场、不

锈钢厂、养鸡场等，这些地方的工作人员多为外来务工者。

1973年成立新村公社时，新村大队、新浜大队便成立了。1985年，新村大队、新浜大队更名为新村村、新浜村。2002年，新村村和新浜村合并，定名新浜村，即今新浜村，由自然村新浜村和新村村组成。

2. 空间肌理

新浜村村域范围内流经区级河道1条中心横河，镇级河道2条（界河、环岛运河），31条村级河道呈南北向分布于中心横河两侧，总长33.4公里，整体形成三横一纵多渠的水

新浜村聚落肌理鸟瞰（2023年8月陈雨杉摄）

网格局。该村于 1968 年围垦建设，由于未通自来水，在建设初期将建筑靠近水源集中河流建设排布，后续发展仍遵循旧有布局。水渠间距 100～120 米，田块尺度 40～50 公顷。

新浜村的围垦农田肌理较为规整集中，受制于生产力水平和小规模的农业耕种模式，村落沿水渠等距展开（约 150～200 米）；随着人口增加，村庄依据上述单元有规则地扩展，同时增加了纵横的道路，形成水系平直、水域面积窄、聚落沿水渠平直单排分布的布局模式。

新浜村聚落呈"一"字形排列布局，村庄建筑沿中心横河平行排列，分布在其所属开垦大队所负责的条状农田上，并在此基础上南北延伸，整体呈带状发展。

3. 建筑特征

建筑平面布局多为"一"字形和"L"形，常有耳房作为辅助用房。结构体系为砖混为主，建筑立面材质为砖墙外粉石灰、瓷砖等。

现代建筑材质多以混凝土为主，采用木材作为饰面。仿古建筑沿用砖材质，屋顶为传统民居常用的小青瓦。新浜村整体色彩为白墙＋黑瓦＋灰色细部，呈朴素的黑、白、灰色调关系。

新浜村民居屋面样式以双坡硬山顶为主，部分是平顶，屋顶错落有致。

3. 特色场景

走进新村乡新浜村，一幅村美人和的乡村振兴画卷映入眼帘：村容村貌干净整洁，垃圾分类站点设施完善，主题公园花草繁茂、绿树成荫，景观绿化带色彩斑斓。大大小小的口袋公园成为村民茶余饭后的好去处。近年来，新浜村基础设施不断完善，村庄生态"颜值"明显提升，公共服务提质增效，村民邻里关系

新浜村聚落肌理鸟瞰（2023年8月陈雨杉摄）

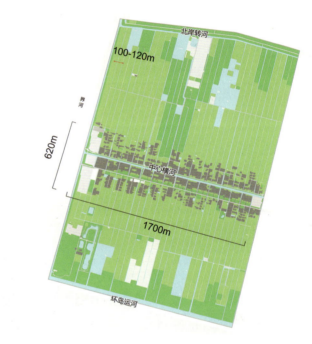

新浜村空间分布肌理图（丁彦竹绘）

新浜村民居立面特征（村委会）

新浜村"稻香花舍"民宿入口（村委会）

新浜村"稻香花舍"民宿（村委会）

和睦，村风民风文明，社会和谐稳定，人民群众的幸福感、获得感大幅提升。新浜村曾先后荣获"上海市卫生村""上海市无违建村居""崇明县生态文明村"等荣誉。

新浜村大力发展现代都市农业，推进乡村旅游业发展，打造集自然风光、田园风光、农家民俗于一体的休闲体验基地，壮大经济实力，厚植美丽乡村建设物质基础。

"稻香花舍"民宿是一座四合院式的建筑，装修成旧时江南民居的模样，古香古色，颇有意韵，在第十届花博会开幕前筹建，于2021年8月正式营业。客房设计皆以新中式风格呈现，融入现代审美的优雅大气，房间内原有线条和新增的木质架构完美契合，呈现出复古与现代交融之感。建筑整体去繁见简，不追求过多装饰和热烈的风格，整体透露着沉稳内敛的气质，令人备感惬意。

新浜村民居色彩特征（2023年8月许良璨摄）

新浜村"一"字形和"L"形建筑（2023年8月陈雨杉摄）

5.1.3 新国村

1. 总体概况

新国村位于新村乡镇西侧，东至新洲村，西至新中村，南侧为北横引河，北接上海新村田园综合体，村域面积 482 公顷，其中耕地面积 350.14 公顷，林地面积 46.78 公顷，水域面积 44.21 公顷，建设用地 7.01 公顷。

村常住人口 1250 人，外来人口 194 人。

新国村产业以农业为主导产业，以水稻种植业为主。

新国大队于 1973 年最初成立。1975 年新北大队与新国大队合并为新国村。新庄村是由新农大队与新庄大队合并而成。2002 年新国村与新庄村合并为新国村。由自然村新国村、新庄村组成。

新国村空间分布肌理图(2023年8月丁彦竹绘)

新国村聚落肌理鸟瞰(2023年8月曹鑫浩摄)

2. 空间肌理

新国村村域内河道纵横，主要河流为中心横河、环岛运河、北岸转河，另有几十条纵向沟渠，呈现三横多纵的水系格局，村民居住区域整体沿中心横河展开，坐落于河岸两侧。

村内沟渠以 50 米的间隔呈南北向平行排列，沟渠宽度约 5~10 米，村域内 70% 的土地都是规模相近的稻田。

新国村村庄聚落沿星村公路、中心横河平行布局，整体呈带状分布，建筑排布集中成片，村庄周围有水系环绕，建筑整体布局以"前路后水"的方式呈现。

3. 特色场景

新国村的村舍倚中心横河而建，河道两旁树林成荫，河道中建有具有农耕特色的水车装置，河道旁还建有亲水平台、休闲步道供村民、游客休闲观光，一幅美丽乡村的田园画卷在新国村徐徐展开。

4. 建筑特征

村庄建筑以 20 世纪 90 年代建筑为主，建筑层数为两到三层，结构以砖混结构为主，每个住宅前会有半开敞式庭院。建筑立面以灰色、白色为主，材质以贴砖、砂石为主，局部以马赛克图案为装饰。屋顶以坡屋顶为主，颜色为砖红色或深灰色。村落空间中村委会为主要的公共空间作为村民主要的文化娱乐场地。

5. 文化传承

新国村农耕文化底蕴浓厚，生态环境优美，村民淳朴团结，邻里和睦。村内主要产业为水稻种植，共有家庭农场 23 户、合作社 1 家。依托新村稻米文化中心，秉持"生态 +"理念，积极开展米食文化节、稻米文化节、特色市集等，进一步弘扬稻米文化，推动农旅融合发展。

新国村特色场景（2023年8月戈敏琦摄）

新国村1990年代民居建筑（2023年8月戈敏琦摄）

新国村1990年代民居建筑（2023年8月戈敏琦摄）

新国村1990年代民居建筑（2023年8月徐永信摄）

新国村街巷风采（2023年8月范依婷摄）

新国村稻香生态市集（村委会）

5.2 绿华镇

绿华镇于20世纪70年代初围垦于长江滩涂。围垦之前，是长江泥沙冲击积淀形成的小沙、小岛，因时涨时坍、时隐时现、游移不定，形如"老鼠"出没，又因与常熟白茆港（谐音"白猫"）隔江相望，有渔民将其取名"老鼠沙"。1971年11月围垦，建立"崇明县新建副业场"。"绿华"取名于1980年11月绿华农工商联合公司建立之际，"绿"意"绿色"，"华"意"美丽"，"绿华"寓"绿色常青、美丽富饶、生机勃勃"之意。1984年3月建立"崇明县绿华乡"。1995年2月撤乡建镇，建立崇明县绿华镇，实行镇管村体制。现有7个行政村。

5.2.1 绿港村

1. 总体概况

绿华镇绿港村地处崇明岛的西南端，东与明珠湖接壤，北临南横运河，南接桃源水乡、西沙湿地，西至崇西水闸，村域面积 610 公顷。自然村 4 个（堡镇村、建闸村、建民村、建同村），村民小组 29 个。村域面积中可耕地面积 5782 亩（约 385 公顷）。经济果林面积 2080 亩（约 139 公顷），其中翠冠梨面积 1000 亩（约 67 公顷），柑橘 1080 亩（72 公顷）；水稻 1319.2 亩（约 88 公顷），生态廊道 860 亩（约 57 公顷），水产养殖 600 亩（40 公顷），村内另有铁皮石斛（60 亩）、无花果、火龙果等其他作物。流转土地 3681 多亩（约 245 公顷）。

村域常住人口 1163 人，户籍人口 731 人，外来人口 110 人。常住人口中 60 岁以上人口 807 人。人口主要就业方向为农业、旅游服务业、手工业等。

2022 年村内主导产业为农业种植业、水产养殖业、旅游业，村集体可支配收入 444

绿华镇绿港村空间格局鸟瞰（2023年8月杨瑞摄）

万元，村民年收入 3 万元。绿港村特色农产品丰富，包括柑橘、翠冠梨、清水蟹等。

在"生态为基、三农为本、文化兴镇、旅游强镇"发展战略指引下，绿港村注重乡村旅游业转型升级，引进了不少文旅、体旅融合项目。2020 年获评"第二批全国乡村旅游重点村"，2021 年以村域为单位打造的绿港村风情景区获批"国家 3A 级旅游景区"，年游客量达 10 万人次，总营业额达 2747.55 万元。景区内有各类度假景点，及农耕文化馆、蟹文化馆、河口沙洲水文化馆等科普文化类场馆。

崇明古代至近代有"东沙、西沙"之分，绿港村位于"西沙"，原本是一片长江滩涂湿地，和长江以南的白茆港隔水相望。1971 年冬天，在老鼠沙的芦苇荡之上，来自全崇明 17 个公社的 3.2 万多人开始围堤垦荒，最终建立起"崇明县新建副业场"，后改名为"崇明绿华农工商联合公司"，1984 年 3 月建立绿华乡。从 1971 年建立农场以来到 2003 年由堡镇、建闸、建同、建民合并为现在的绿港村。前后经历了共 38 年的历史。

2. 空间肌理

绿港村紧临长江，江堤外为长江滩涂湿地，岸边芦苇丛生，自古有"潮来一片水茫茫，

绿港村空间分布肌理图（2023年8月丁彦竹摄）

潮去一片芦苇荡"之说。村界北至崇明骨干河道南横引河，东接明珠湖，村域内部河荡密布，水道纵横，有镇、村级大小河道共 84 条，总长 46.5 公里，其中主要河道为环岛运河、新建港、绿建河、堡闸河，水渠间距约 60~120 米。

绿港村聚落可分为带状、点状散布等。以堡闸河为界，村庄北侧主要民居聚落沿绿港北路两侧带状分布，民居建筑以鱼骨状排列。村庄南侧多为农庄、文化旅游场馆、特色民宿等，建筑群体以点状散布在郊野农田中，部分临水而建。田野丰饶，树木葱郁，花果繁茂，笔直整洁的道路，错落有致的庭院，呈现出一幅乡村诗意画卷。

绿港村北侧"带状"聚落肌理图（郑铄绘）

绿港村南侧"点状散布"聚落肌理图（郑铄绘）

绿港村邹市明拳击训练基地(2023年8月宋宁摄)

绿港村宝岛蟹庄(村委会)

3. 特色场景

村内风光旖旎，树木葱郁，花果繁茂，拥有得天独厚的自然风景和生态旅游资源。依靠特色农业的路子，绿港村今已发展成拥有千亩稻田、果园、蟹塘。村内旅游文旅资源丰富，建有邹市明拳击训练基地、艺术家创作基地等实践基地，农耕馆、垦拓展示馆等文化展馆，宝岛蟹庄、西来农庄、水秀舫、西来绿港玫瑰园等度假景点。

4. 建筑特征

绿港村民居建筑平面布局多为"一"字形和"L"形，常有耳房作为辅助用房。综合旅游服务中心为现代建筑，其外部结构形式为混凝土结构，采用连续曲面坡屋顶；内部吊顶结构采用弧形结构以及棋盘状结构，具有一定的地域特色。

现代建筑材质多以混凝土为主，采用木材作为饰面。仿古建筑沿用砖材质，屋顶为传统民居常用的小青瓦。民居材质多为砖墙，瓷砖饰面为主。建筑外墙色彩以砖石材料色彩变化为主，多呈现青灰色，局部点缀砖石褐色。民居建筑以白、灰粉墙为主。屋顶色彩多为小青瓦所呈现的青灰色。

屋面形式多以双坡硬山顶为主，高低错落有致，局部有老虎窗。联排长屋屋顶具有屋顶瓦的色彩变化。立面山墙形式以马头墙和"人"字形硬山为主。

院墙宅门为卷棚顶，檐口处砖石具有一定的纹样。其他大门样式具有脊饰。民居大门多没有门头，以木材为框架，中间多为木门。

绿港村绿港湾·蟹宿(2023年8月宋宁摄)

绿港村西来农庄(2023年8月宋宁摄)

5. 文化传承

　　印糕是崇明人挚爱的美食。玫瑰印糕是绿华镇西来农庄开发的独特美食，既保留了崇明传统美食的甜滋甜味，又能留下口齿留香的玫瑰味。绿港印坊·透明工坊以非遗文化传承为切入点，将"印糕、印刷、印染、印拓、印章"等"印"文化表现得淋漓尽致，游客通过亲身体验印糕制作，感受非遗传统文化。

　　紧挨着的崇明农耕馆将农耕器具、粮食加工、纺织衣饰、家居生活、传统习俗、乡村工匠等元素汇聚，原汁原味地展现了传统农耕风貌。

　　绿港村的特产还有崇明清水蟹，蟹肉晶莹洁白、细嫩爽口，蟹黄膏多脂肥、食而不腻，是崇明特色农产品，入选了2021年第一批全国名特优新农产品名录。

绿港村民居材质及色彩特征（2023年8月宋宁摄）

绿港村民居立面特征（2023年8月宋宁摄）

绿港村民居屋面特征（2023年8月杨瑞摄）

绿港村民居墙门仪门（2023年8月宋宁摄）

绿港村民居花砖漏窗（2023年8月宋宁摄）

绿港印坊·透明工坊（村委会）

5.2.2 华西村

1. 总体概况

华西村位于崇明岛最西端，绿华镇西北部，东邻华荣村，以环岛运河为界；南邻绿园村，以华西桥横河为界；西邻长江，靠合作农场，以随塘河为界；北靠跃进农场，以大堤为界。

村域面积 666 公顷，是全区最大的一个村庄。地理位置濒临长江，自然景观独特，生态环境优越。

全村总户数 561 户，1206 人，60 岁以上老人 286 人。2013 年全村可支付收入 95.7 万元，人均 9100 元。

华西村是一个以柑橘、火龙果、时令蔬菜为特色的村落。粮食作物与柑橘种植面积几乎占到全村土地面积的一半，规模大，产量高，滨江田园果林是本村一大特色。

华西村是由原绿华镇建桥村 15 个生产队、新河村 14 个生产队、建河村 5 个生产队、江口、河西片 5 个生产队在 1969 年绿华围垦之后，于 2002 年合并而成。由自然村江口村、建桥村、建河村、新河村组成。

2. 空间肌理

华西村紧邻崇明环岛引河，由引河分出两条环状河流，将全村分为南北两大片区。村

华西村空间分布肌理图(丁彦竹绘)

域水系丰富，形成了"一竖两环，纵向规整"的河网水渠结构。各片区由东西向主渠和南北向支渠形成灌溉田水网结构，支渠间距在 130 米左右。

村域内大部分为果园地，按水渠和机耕道路，形成规整的竖条块状的农田肌理。东西向带状田地间距一般按 50 米等分，长度在 290~550 米间不等，最长为 685 米，约为步行 10 分钟的距离。南北向带状田地间距一般按 60 米等分，长度在 400~460 米间不等，

华西村空间格局鸟瞰(2024年8月曹鑫浩摄)

华西村聚落肌理鸟瞰（2024年8月曹鑫浩摄）

平均为 425 米，约在步行 7~8 分钟的距离。

华西村聚落可分为带状、点状散布等。华西村农居模式为点式集中布局为主，少量沿河线形布局。

"田绕村""园围屋"是华西村典型的农耕景观风貌特征，整体风貌特征呈现"田园环绕、集中聚落"的特点，华西村横向的村庄格局是崇明沙岛文化、垦拓文化的空间载体，同时集中建设的聚落又体现了近代新农村建设所形成的大农业景观风貌。

3. 特色场景

华西村有成片的柑橘农业景观，建筑为统一规划的新建建筑，有良好的景观风貌。

4. 建筑特征

1970 年代围垦之初，村内居民住环洞舍、芦苇墙、稻草顶、芦芭门、薄膜窗，70 年代中后期至 80 年代初，村集体逐步建造砖瓦结构平房，以及政府出资建造集体两层楼房，

华西村聚落特色场景（2024年8月戈敏琦摄）

华西村民居立面特征（2023年8月戈敏琦摄）

华西村灶花（2023年8月范依婷摄）

80年代中期随着村民委员会建立，移民定居全面展开，进入90年代，建房结构也从80年代的砖木结构为主至90年代以砖混结构为主，进入新世纪建房结构多为框架结构。

华西村建筑平面布局多为"一"字形和"L"形，常有耳房作为辅助用房。新农村改建房建于2008年，现状建筑质量较好，现代风格，两坡顶，每户前有院子和辅助用房。村内民居大部分现代建筑，其外部结构形式为混凝土结构。部分1960、1970年代的建筑存在木结构、竹编屋顶的形式。

华西村现代建筑材质多以混凝土为主，采用木材作为饰面。仿古建筑沿用砖材质，屋顶为传统民居常用的小青瓦。民居材质多为砖墙，瓷砖饰面为主。建筑外墙色彩以砖石材料色彩变化为主，多呈现青灰色，局部点缀砖石褐色。民居建筑以白、灰粉墙为主。屋顶色彩多为小青瓦所呈现的青灰色。

华西村屋面形式多以双坡硬山顶为主，高低错落有致，局部有老虎窗。联排长屋屋顶具有屋顶瓦的色彩变化。立面山墙形式以马头墙和"人"字形硬山为主。

5. 文化传承

一副灶，其组成部件名称较多。砌灶用的砖头叫"灶砖"；从灶台平面砌到屋顶的那堵用来防止灶膛烟灰下落到灶台的隔墙叫"灶山"；在灶的正面砌的一些可以放油、盐、酱、醋等瓶瓶罐罐的空格叫"灶隔梁"；灶台即锅台，叫"灶沿"；灶的背面烧火的地方叫"灶口头"；灶的炉膛叫"灶肚"；灶肚周围叫"灶门口"；灶上用来放火柴盒等用品的小洞叫"灶马桶"，也叫"灶猫洞"；用灶墨即锅灰，崇明人称"镬锈"；调成墨浆，配以其他颜料，在灶山上画的五谷丰登、六畜兴旺、牧童戏牛、山水花鸟等图案叫"灶花"。华西村内仍有这样的崇明土灶，精美动人。

绿园村空间格局鸟瞰（2024年8月何禾摄）

5.2.3 绿园村

1. 总体概况

　　绿园村位于崇明岛最西端，东与绿华镇接壤，南靠南横运河，西至长江、崇西水文化馆，北临华容村，自然环境优美，生产优越。

　　村域内常住人口 947 人，户籍人口 1681 人，外来人口 51 人。常住人口中，16 岁以下人口 15 人，60 岁以上人口 614 人。村主导产业为农业，农业的主要收入来源是水稻，主要农产品为柑橘，特色农产品是翠冠梨，特色美食为甜芦粟；农业规模化经营面积为 288 公顷。

　　以前绿园村所在地是海滩，1970 年开始围垦，1971 年建立了自然村落，包括三星村、建新村、海桥村三个村。2002 年三村合并，建立了绿园村。

2. 空间肌理

　　绿园村村域内水网横平竖直，河道等级分市、镇、村三级。其中，环岛运河为市级河

绿园村空间分布肌理图（丁彦竹绘）

绿园村柑橘果园(2023年8月薛平摄)　　　绿园村柑橘采摘(村委会)

道，绿华河、绿建河为镇级河道，其余为村级河道。环岛运河的宽度约为 70~90 米，镇级河道宽度为 8~18 米，村内其他村级河道宽度在 6~10 米。村级河道间距约为 100~130 米。

绿园村民居沿主要道路分布，道路的南北两侧均为成片农田，村落中心有运河从南北贯穿，村落最南端有一家农家乐专业合作社，以及世界河口沙洲水文化展示馆。村落与自然景观呈"一"字形排列，聚落沿公路呈现带状分布。

3. 特色场景

坐落在绿华镇绿园村的上海欢绿果蔬专业合作社近几年着重研究新品种柑橘，对上海老品种柑橘的改良和新栽培技术的研究。先后引进国内外新优柑橘品种 70 多个，是上海最大的营养钵新品种柑橘苗培育基地，实现了柑橘全年鲜果采摘。绿园村着力打造成上海柑橘的科普教育基地、新品种示范基地、全年柑橘采摘基地、柑橘苗营养钵培育基地。

绿园村的世界河口沙洲水文化馆是崇明西部地势最高的地方。世界河口沙洲水文化馆于 2005 年 9 月 28 日正式建成，该馆集科普教育、旅游体验等功能于一体，系统展示世界河口三角洲地质地貌及人类大河文明。馆中有高达 38 米的观光台，可以俯瞰绿华全景。因为崇明位于长江入海口，是世界上最大的河口冲积岛。而位于崇明的绿华镇原来更是一片沙

绿园村世界河口沙洲水文化馆(村委会)

洲，是在 1971 年由 17 个人民公社的民工围垦而成，所以全区地势平坦，若站在观光台上，方圆百里，尽收眼底。

4. 建筑特征

民居建筑主要以 2000 年后翻建为主，还有极少数 1970 年代老房子存在；建筑的平面布局以"一"字形排布为主，结构体系以砖混为主；建筑立面材质多采用外粉石灰、瓷砖、水洗石，屋顶形式以坡顶和平顶为主，细部装饰以 1990 年代"囍"字、钻石、立方体图案为特色。

5. 文化传承

绿园村注重传统文化的传承与传播，经常举办相关文化活动。端午节开展"'艾'的养生锤 健康永相随"制作艾草养生锤活动弘扬中华民族传统文化及传递健康科学的生活理念，营造欢乐、喜庆、祥和的节日气氛。此外，绿园村结合农耕文化开展相关文旅活动，如开展"一橘两得"共享田园播种活动，游客可以亲身体验共同播甜瓜苗、开展农事体验。"一橘两得"项目是绿园村与上海欢绿果蔬专业合作社合作开展的柑橘林下套种农文旅综合体项目，未来将打造"合作社 + 村集体经济组织模式"，进一步壮大村集体经济。

绿园村民居立面（2023年8月何禾摄）

绿园村建筑细部（2023年8月陈宣燕摄）

绿园村文化活动（村委会）

5.3 庙镇

民国23年（1934）建江口乡。民国时建庙镇乡。1957年和平、新保两乡合并为合作乡。1958年9月成立庙镇人民公社、合作人民公社、江口人民公社。是年年底合作人民公社合并成为庙镇人民公社的一部分。1959年5月，又与庙镇人民公社分开，复称合作人民公社。1984年3月庙镇人民公社、江口人民公社、合作人民公社分别撤社，设立庙镇乡、江口乡、合作乡。1994年2月9日，撤销庙镇乡、江口乡建制，建立庙镇镇、江口镇，3月5日江口镇人民政府正式挂牌，3月19日庙镇镇人民政府正式挂牌。1995年11月22日，撤销合作乡建制，建立合作镇，12月19日合作镇人民政府正式挂牌。2000年12月11日庙镇镇、合作镇、江口镇撤并成立新的庙镇。2001年1月14日庙镇人民政府正式挂牌，辖60个行政村、704个村民小组、2个居委会，镇政府驻庙镇大街41号。2002年4月实行村级管理区划调整，由60个行政村合并成28个行政村，名称使用至今。

5.3.1 保安村

1. 总体概况

保安村位于庙镇西北部。东邻永乐村，以合作公路为界；南与保东村相邻；西靠望沧港；北邻红星农场，耕地180.3公顷，林地149.62公顷。

保安村户籍人口2697人，常住人口1548人，外来人口113人。

村集体经济可支配收入218.17万元，2022年农民年收入3.2万元。保安村农业主要来源为水稻。

1949年后与保东村并称新保乡，1958年改为公社，互助组时期改为合作公社18大队，至1979年增至19个生产队。2002年与原保民村合并成保安村，沿用至今。

保安村空间分布肌理图（丁彦竹绘）

2. 空间肌理

保安村村域内水网平直，主要河道有太平竖河、安民河、新富河。村域范围分为三部分，北面靠江部分为主要的围垦区，以江口合作养殖场为主，南部是村庄聚落的主要集中区。整体呈现林田交杂的田园景观，水网横屏竖直，水渠间距为40~100米，养殖场鱼塘宽度约为120米。

保安村民居沿主要道路与河道沿线分布，四周沿线围绕后布局中部均为成片农田，部分宅前有农田，宅后有竹林或沟渠；村落呈鱼骨形、"一"字形排列。

3. 特色场景

村内有一个苗圃基地，主人用环保种植的方式，培养了成片的连香、欧洲桷木、金叶

保安村空间格局鸟瞰（2023年8月何禾摄）

保安村翰先苑苗圃基地（保安村委会）

保安村古河道、保安镇老街示意图（保安村委会）

保安村民居建筑(2023年8月陈宣燕摄)

榉树、北美海棠等珍贵树种，还种植了百合、天竺葵等多类花卉。眼下，连香叶片呈现出绿色、淡红、深红等不同的色彩，还散发出焦糖味的香气，如梦如幻。

4. 建筑特征

民居建筑主要以1990年代修建为主，部分呈现1980年代及之前建筑风貌，村内有一处1900年建造的老宅，基本框架保存较为完好；建筑的平面布局以"一"字形排布为主，结构体系以砖木、砖混为主；建筑立面材质多采用外粉石灰、瓷砖，屋顶形式以坡顶为主。

5. 文化传承

保安镇，位于崇明区庙镇镇保安村境内，镇名取自"永保平安"之意。清光绪《崇明县志》载："保安镇，城北四十里。"老街呈东西向，石头路面，街道两边的店面前都有遮阳避雨的凉棚。过去的太平竖河呈南北走向，从老街中间流过，把街道分成了东街和西街。民国《崇明县志》载："太平竖河。在望仓港东三里，北入江，南接邋遢港东端中经保安镇、坝头镇。"河上有条连接东西街道的大木桥，桥名保安桥，两边设有栏杆。东街长60多米，西街长150多米，现在去保安镇还能看到弯曲的老街，几间破旧的老街房，还可以看到老街以北的太平竖河古河道，老街以南的古河道已经全部被填没。而令后人容易混淆的是在保安镇以东500米的那条竖河现在被题名为太平竖河，那条水泥大桥也被题名为保安镇桥。

70多年前的保安镇是非常热闹的商贸集镇，因太平竖河连通长江北支，商船、渔船来往十分便利，所以保安镇街上有酒店、肉店、烟纸店，药店、布店，汤团、麻团、早饭店、银匠、木匠、打油碾米店，共有各类大小商铺60多家，而且家家有名堂。崇明区一位居民根据当地老人的描述绘制了一幅《保安镇老街示意图》，排列出1949年时保安镇的商铺分布情况。

保安村民居建筑材料(2023年8月何禾摄)

5.3.2 保东村

1. 总体概况

保东村位于庙镇合作社西北部，东邻永乐村，以合作公路为界；南与猛西村、周河相邻，以小星公路为界；西与海桥二大队相望，以望沧港为界；北接保安村。

常住人口 1153 人，户籍人口 1824 人，外来人口 35 人。常住人口中，16 岁以下人口 5 人，60 岁以上人口 805 人。

村主导产业为农业，农业的主要收入来源是水稻，耕地经营情况为 1961 亩（约 131 公顷）。

保东村在 1950 年代初是新保 23 公区，在 1958 年时期改为公社，互助组时期改为合作公社 13 大队，至 1984 年 3 月公社到乡，到 1985 年 3 月由公社改为大队称呼，从那时起 13 大队就改为了如今的保东村。保东村曾为贫困村，提出水利改造。2016 年在水利改造的基础上，建设美丽乡村，改善民生环境。

2. 空间肌理

保东村村域内有许多纵向河道，水网规整。其中，主要河道有庙港、太平竖河、盘船洪、猛北河，宽度为 15~30 米；村级河道的间距约为 100 米，宽度为 6~10 米。田地、园地、林地镶嵌其中，村庄建筑沿路布局。

保东村民居沿主要道路与河道沿线分布，沿庙镇永新路南北两侧均为成片农田；村庄聚落整体呈"一"字线形排列，局部形成聚集组团。

3. 特色场景

村内至今保留一棵百年榆树，树干粗壮，须两人环抱，方可围绕一周。

4. 建筑特征

民居建筑主要以 2000 年后翻建为主，部分呈现 1990 年代建筑风貌，另有一处晚清时期民居，在 20 世纪 40 年代进行过翻修；建筑的平面布局以"一"字形排布为主，结构体系以砖木、砖混为主；建筑立面材质多采用外粉石灰、瓷砖、水洗石，屋顶形式以坡顶和平顶为主。晚清时期民居部分保留了早期拱形门窗、闼门、窗阔等特色。

5. 文化传承

著名文人作家徐刚为保东村人，现居北京。徐刚生于 1945 年，1963 年起发表作品，其作《大森林》获第七届鲁迅文学奖报告文学奖，《自然笔记》获 2022 年人民文学奖非虚构作品奖。

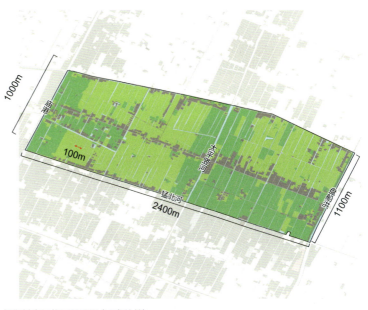

保东村空间格局肌理图（丁彦竹绘）

保东村古榆树（2023年8月陈宣燕摄）

保东村晚清时期民居（2023年8月何禾摄）

保东村建筑细部（2023年8月何禾摄）

保东村建筑门窗（2023年8月何禾摄）

保东村建筑闼门（2023年8月何禾摄）

保东村屋脊装饰（2023年8月何禾摄）

5.3.3 合中村

1. 总体概况

合中村位于崇明区西部、庙镇西北部，北接猛西村，南接周河，东至三星镇，西至窑桥村，村区域面积为 4550 亩，其中耕地面积为 2660 亩。由自然村合中村和新保村组成。

合中村常住人口 1125 人，户籍人口 1765 人，外来人口 70 人。常住人口中，16 岁以下 23 人，60 岁以上 650 人。

产业以农业作为主导产业，以水稻种植为主，规模化经营面积为 10 公顷，同时种植特色农产品翠冠梨。村内旅游发展较好，经营香朵开心农场，旅游业年收入一千万。村内有一处民国时期留存下来的建筑。

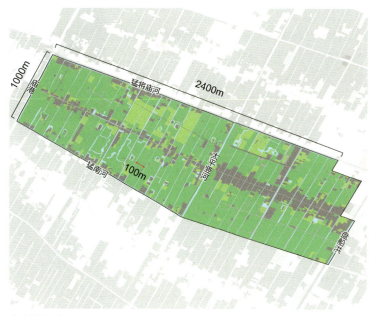

合中村空间格局肌理图（丁彦竹绘）

合中村空间格局鸟瞰（2023年8月何禾摄）

2. 空间肌理

合中村村域内河道密布，内河航运较发达，主要河道有太平竖河、猛南河、猛将庙河、庙港、盘船洪等，宽度为10~30米；其他为村级河道，河道宽度为6~10米，南北向纵向排列。陆路有两条公路横穿本村，有两条公交线路经过，分别为南红线、南海线。

合中村田林交错，水洁风清，绿树成荫。田地林地东西向宽度为50~100米，南北向长度为650~1000米。

合中村位于庙镇西北部，村庄聚落沿主要道路呈带状分布，多条水系垂直于道路，建筑群体成"一"字形排布。

3. 特色场景

村内森林覆盖率高达56%，合中村以"林距离 森呼吸"为主题，建设开放性休闲林地；围绕休闲、康养、亲子度假等内容，打造自然教育林、艺术体验林、观光休闲林，不断发展壮大翠冠梨特色农业和香朵为龙头的休闲旅游产业，形成了具有合中特色的森林休闲产业体系。

位于合中村和猛西村的合中村开放休闲林地负有盛名，这片林地面积1046.6亩（约70公顷），以森林密境为主题。在合适的季节，漫步其中，经过的每一条道路都鲜花遍布，一派静谧的田园水乡图。合中村开放休闲林地不是完全连片，而是分散在整个村庄里，将整个村庄包围在林地中。根据设计方案，合中村开放休闲林地增加了彩叶树、枫树等四化树种，同时融入崇明地域文化，形成"秋风乡野"特色。结合开心农场、合中村美丽乡村建设及乡村农业旅游资源，增加特色旅游服务设施，打造与现有旅游资源相融合的开放休闲林地。

合中村香朵开心农场(村委会)

合中村开放休闲林地(村委会)

合中村翠冠梨农业体验园(村委会)

合中村开放休闲林地(2023年8月何禾摄)

合中村香朵驿站(村委会)

合中村香朵驿站内部(村委会)

合中村香朵驿站内部(村委会)

一条条蜿蜒小径在林间延伸，沿路还设置了座椅、凉亭、观景平台、地图标识等配套设施，方便市民休闲游憩和健身娱乐。让居民能够放松心情、放慢脚步、静心享受田园生活。

庙镇第一家公路驿站"香朵驿站"于2022年年底正式对外开放。香朵驿站位于庙镇合中村合中中路945号，而这里原先是一处废弃的厂房，经过改造后开放。香朵驿站总占地面积约5000平方米，采用新中式建筑风格，驿站内配有西餐餐厅、12间客房、停车场、饮水机、公共厕所、公共自行车租车点、共享充电宝、急救包等，为过路人提供便利、食宿、休闲等暖心服务。

4. 建筑特征

合中村民居多为80年代和90年代建造，现存70年代民居建筑较少。现存70年代民居屋顶为坡屋顶，屋面以及房子的承重用的都是木结构。建筑采用灰砖和木头进行构建，黏合剂用的是泥土。据了解，此民居为"两梯拔、七撸头拔廊"建筑，两梯拔和七撸头拔廊都是指建筑结构的尺寸（两梯是指横向承重木头的数量为2，七撸头是指竖向承重木头之间隔了7面墙）。

合中村70年代民居建筑(2023年8月徐永信摄)　　合中村民居建筑细部(2023年8月徐永信摄)　　合中村民居建筑屋顶结构(2023年8月徐永信摄)

5. 文化传承

合中村有猛将庙。猛将庙建于清雍正三年（1725），雍正七年（1729）设猛将庙镇。

合中村崇文重教的风气浓郁。1911年，崇明平民教育家汤颂九本着"开启民智，造福乡梓"之旨，开办正蒙初级小学，1925年又创办私立三乐初级中学。现今，崇明百年名校——三乐学校进一步赓续文脉传承，历练了一代代勤劳善良的村民，孕育了淳厚质朴的民风，民俗风尚有着深厚的文化底蕴。

合中村有山歌民俗。劳作之际在田埂地头，传唱崇明山歌，小憩之余在竹园树荫下讲民间故事在合中村蔚然成风。村民施鹤苟是崇明岛"上下八沙"出名的"山歌大王"。1986年，在全国民间文学、民间故事、民间歌谣普查期间，年已古稀的施鹤苟演唱、录制了300余首山歌，后经分类整理编印了《施鹤苟歌谣300首》，

出版了施鹤苟演唱的《中国崇明山歌集》。1992年，中共上海市委宣传部、市文化局、市民族事务委员会、市民间文艺家协会颁发证书，授予施鹤苟"上海市优秀民歌手"称号。2010年，崇明山歌被列入上海市非物质文化遗产名录。这既是崇明地区的宝贵财富，也反映了合中村农耕文化的积淀。

合中村保留了农谚文化。"田财，田财，大家发财""邻舍好，藏金宝""只有懒人，无得懒地""力是活财，用脱再来""种田利息，勿种得吃""初三潮，十八水，刹刹眼，没到嘴""立夏东南百草风，几天几夜好天空""立秋响雷公，秋后无台风""八月田鸡叫，耕地犁头跳""冬至上云天生病，阴阴湿湿到清明"等民谚俗语，也从侧面印证了崇明独特的农耕文化底蕴和士人的智慧和勤劳品质。

合中村文化节(村委会)　　　　　　合中村村民大舞台(村委会)

海滨村空间格局鸟瞰（2023年8月杨瑞摄）

5.4 三星镇

5.4.1 海滨村

1. 总体概况

　　海滨村地处崇明区西北侧，三星镇的西北角，东至白港，西至仓房港，南至三协村，北至新海镇，滨南横河连接村域东西两侧边界，区域重要道路新建公路位于村域南侧边界。村域面积362.30公顷，现状农用地314.99公顷，以耕地为主，占农用地比例为66%。

　　常住人口1050人，户籍人口1931人，外来人口82人。常住人口中，16岁以下人口20人，60岁以上人口860人。

　　村主导产业为现代农业，农业的主要收入来源和主要农产品均为水稻，特色农产品为红美人柑橘，现有柑橘大棚20亩（1.3公顷）。

　　1950年2月至1952年7月，海滨村为崇明县设区分乡建置下新海乡的一部分。1961年，分化生产大队，村域内分划为原第十四、第十五生产大队。1984年原生产大队改为村，

三星镇海滨村空间分布肌理图（丁彦竹绘）

分别改名为滨南村、海滨村。2002年，两村合并为新的海滨村，沿称至今。海滨村群英荟萃，中国科学院朱显谟院士的故居坐落于此。

海滨村特色场景(2023年8月鲁昀摄)

2. 空间肌理

区域重要道路新建公路从海滨村南侧穿过，聚落沿南侧新建公路、滨海路、海南北部以及宏海公路一侧呈现带状分布，村域内农田成片，中部分布几处坑塘，东侧沿白港河分布大量林地；滨南横河沿线，河道保塌，河坡绿化；村委北侧有占地 20 多亩（约 1.3 公顷）村民公园，园内建筑小品一应俱全，海棠廊道贯穿村域南北。

村庄聚落沿横向河道平行排列，整体呈现三横一纵的肌理。沿三星镇河的聚落规模最大，宽度约 200 米，面积约 30 公顷。

海滨村民居建筑(2023年8月杨瑞摄)

3. 特色场景

海滨村村域内农田成片，道路笔直，水网匀称，水路成网，村庄民居沿河而建，展现了崇明垦区特有的田园风光。

海滨村民居建筑(2023年8月杨瑞摄)

4. 建筑特征

居住建筑主要以 2000 年以后翻建的现代民居为主，平面布局为"一"字形排布，结构体系以砖混为主；建筑立面材质多采用瓷砖、水泥，屋顶形式以坡顶和平顶为主，细部装饰以几何图案为主。

5. 文化传承

海滨村有中国科学院朱显谟院士的故居。朱显谟（1915—2017），上海崇明三光镇（三星镇海滨村）人。中国著名土壤和土地整治专家、中科院资深院士，中共党员。获得过全国科学大会奖、中国科学院自然科学奖一等奖、陕西省科技进步奖一等奖等多项荣誉。我国黄土区土壤及土壤侵蚀学科的开创者和奠基者，为黄土高原水土保持与黄河中游泥沙治理工作作出了巨大贡献。

5.4.2 育德村

1. 总体概况

育德村位于三星镇西北部,紧靠崇明明珠湖公园和崇明西沙湿地国家地质公园。东界为白港,与三协村隔河相望,南与明珠湖公园景区相接,西与绿华镇华星村、三星镇育新村相连,北与三星镇西新村相邻。村域面积343.33公顷。耕地213.4公顷,林地186.4公顷,农业设施建设用地0.16公顷,城乡建设用地1公顷,陆地水域8.75公顷。

村域常住人口2942人,户籍人口1352人,外来人口59人。人口主要就业方向为畜牧业、农业与旅游业。

2022年村内主导产业为畜牧产业和旅游产业,村集体可支配收入167.48万元;产业构成主要为农业、畜牧业与旅游业,主要农产品为水稻。

2002年4月,育德村由烈士村与原育德村合并而成,村名取自村内的育德小学。南部地区为陆品乔、陆才根两位革命烈士的故乡。故两村合并前的南部地区称烈士村,村名因纪念两位烈士的英名而所起。

2. 空间肌理

育德村南邻明珠湖湖,村域内河荡密布,水道纵横,北侧农田整齐排列分布,南侧林地集中分布成片,中部民居依河而建。村级道路间距为45~100米,河道宽度为6~10米。

育德村聚落整体布局呈带状分布,少数呈点状分布在农田旁。育德村建筑群体沿河分布、沿路而建,坐北朝南,东西横向呈"一"字形排列分布在道路。

3. 特色场景

育德村早年建有私塾,后演变为育德小学,建筑保留完好。村内协隆镇老宅依旧保存至今,老宅三面围有沟渠,富有时代特色。老

育德村聚落肌理鸟瞰(2023年8月何禾摄)

街上的店铺仍能让人回忆历史上的繁华时光。

4. 建筑特征

民居建筑主要以 2000 年后翻建为主，布局形式多为"一"字形，部分 1949 年前民居布局为"凹"字形。

2000 年翻建前的建筑结构多以木构、砖混结构为主，结点构造相对简单。

建筑外墙多以砖墙外粉石灰，部分外墙为木板墙；屋顶材质以小青瓦、红色陶土瓦为主。

1990 年代前民居屋顶形式相对简单，多以坡屋顶为主；部分 1990 年代民居屋顶形式为歇山顶。山墙形式多以"人"字形硬山为主。

部分 1990 年代及之前民居建筑保留了当

育德村聚落肌理图（丁彦竹绘）

育德村老街场景（2023年8月丁彦竹摄）

育德村老旧理发店（2023年8月丁彦竹摄）

育德村老街场景（2023年8月丁彦竹摄）

育德村老街沿街建筑（2023年8月丁彦竹摄）

育德村建筑布局形式（2023年8月薛平、黄子怡摄）

育德村民居建筑结构（2023年8月丁彦竹摄）

育德村民居屋面特征（2023年8月何禾摄）

育德小学（2023年8月丁彦竹摄）

地特色民居元素，如闼门、纹头脊、山花、墙饰等。民居建筑多为木制门；纹头脊多以"囍"字进行装饰；部分山花、墙饰以瓷砖、水洗石等材料拼贴而成立方体图案，形成细部装饰。

5. 文化传承

　　育德小学是育德村的重要历史空间，是许多村民的童年回忆，但目前育德小学已经杂草丛生，荒废于此。

　　村内代表性的传统手工艺有竹编、木工。现有一位年近 80 的竹匠名张小华，竹编手艺精湛；另外有一位约 80 岁的木匠。

　　村落每年都有送戏下乡的民俗活动，有沪剧、越剧和崇明剧表演。每年定期开展"海棠书香"文化活动。饮食节庆以传统的端午节为主。

送戏下乡民俗活动（育德村委会）

横沙乡民星村聚落村域格局 (2023年8月许良璨摄)

5.5 横沙乡：民星村

1. 总体概况

民星村位于横沙乡北片，东与永胜村毗邻，南界红星河，西连永发村、江海村，北濒长江，总面积2.01平方公里，距乡政府驻地2.65公里。耕地140.2公顷，林地54.06公顷，农业设施建设用地0.11公顷，城乡建设用地32.5公顷，陆地水域27公顷，其他土地4公顷。

现状户籍人口1850人，常住人口1877人，外来人口27人。常住人口中，16岁以下人口75人，60岁以上人口851人。主要从事务农和制造业。。

村庄主导产业为农业，特色产业为手工

横沙乡民星村聚落肌理图 (丁彦竹绘)

横沙乡民星村民星风车(村委会)　　　　　　　　　横沙乡民星村生态河堤(村委会)

业。农业收入主要来源为水稻与经济果林，主要农产品为柑橘，特色农产品为水稻。

1953 年，由红东村、红西村、农民村成立初级合作社 23 户。1955 年成立高级合作社。1958 年成立横沙乡人民公社民星大队。1984 年民星村民委员会由 3 个自然村组成。

2. 空间肌理

民星村村域内田地与林地没有明显的分区，林田布局相互交杂。村内水系密布，主要河道有创建河、民星河及红星港河道，宽度为 10~20 米，其他村级河道宽度为 6~10 米；村级河道间距为 50~100 米。

横沙乡民星村聚落肌理鸟瞰(2023年8月许良璨摄)

民星村为自然发展村落，聚落肌理布局为四横一纵类似"丰"字形，建筑基本沿河及道路走势排布。

3. 特色场景

民星村的富民沙路旁，便可看见富有盛名的"民星风车"，能欣赏到风车旁生态环境良好的河堤，绿植使河堤不易塌陷，满池睡莲又让人流连忘返。

4. 建筑特征

村内大部分民居风貌基本以 1990 年代流行风格为主，结构体系主要为砖混结构，材质为砖石混凝土、立面主要为水磨石、石材饰面等，与崇明其他村落相似。

横沙乡民星村建筑平面布局(2023年8月许良璨摄)

横沙乡民星村民居建筑 (2023年8月李钰摄)　　　　横沙乡民星村民居建筑结构 (2023年8月郑君摄)

横沙乡民星村粮仓粮斗 (2023年8月许良璨摄)

横沙乡民星村粮仓 (2023年8月李钰摄)　　　　横沙乡民星村粮仓 (2023年8月李钰摄)

5. 文化传承

　　民星村现存最老的建筑是一座1970年代的粮仓，目前已经闲置荒废，但内部构造仍然向我们展示着生动的岁月故事。粮仓建筑为单层长屋，其墙体为红砖砌筑，屋顶为金瓦。另有一青瓦小房，为粮仓放粮处，屋顶架结构，屋内还留存放粮斗与销售厅台。

横沙乡民星村粮仓建筑屋顶桁架结构 (2023年8月郑君摄)

自然与村落风光，三星镇平安村（崇明区）

06

世界级生态岛引领的田园村落风光

生态岛引领下的乡村发展

生态岛引领下的聚落风貌

非遗文化的新演绎

6.1　生态岛引领下的乡村发展

面向 2035 年，上海在生态文明理念的引领下，将重点加强国际化大都市郊野生态的修复。在尊重崇明襟江临海的区位以及河口冲积平原的典型地理特征的前提下，疏通湖荡湿地和河道水系，保护"江、海、岛"自然生态基底，突显崇明拥江面海、枕湖依岛、河网交织、林田共生的自然山水格局。进一步深入推进农村人居环境提升，尊重江南传统文化，保护传统民居建筑，引导村庄风貌提升，增强环境治理和保护力度，打造传承江南水乡风貌和生态田园风光的美丽乡村。

崇明对岛域自然特色和景观特征的保持有了更高的期许，"城镇风貌要与自然环境高度融合，相得益彰，体现浓郁东亚农耕文化和中国江南水乡特点的世界最大河口冲积岛的大地生态景观"，"要突出长江入海口淤积漫滩的自然特色，强化江海交汇的景观特征，体现江南韵味、海岛特色"。崇明生态岛有着田、水、林、湿地等多样化的生态基质，城乡空间隐于其中，建设空间和生态空间之间边界模糊化，正是塑造中国式郊区乡村空间核心理念的试验地。

作为世界级生态岛，崇明的建设应当追求生态空间与城乡生产生活空间的平衡发展。在空间上塑造优美、诗意的自然环境和建成环境。生态空间应是和谐自然的，重点依托基本农田、林地、河湖水系、滩涂湿地等自然生态空间，强化对各类生态空间的严格管控。乡村振兴示范村应如星辰般点缀于生态底色之上，重现水宅相依、绿树延绵、农田万顷的全岛风貌特色。

2013年11月	崇明成功创建国家生态农业标准化综合示范县 **全国首个**将"生态"和"综合"结合的示范县
2014年3月	崇明生态岛建设成为联合国环境规划署推荐案例
2016年1月	崇明被授予**"国家生态县"**称号 崇明不断加强环境基础设施建设，全区森林覆盖率达到21.7%；开展"万河整治"和"百路千点"等环境整治行动；
2016年1月	**陈家镇、绿华镇**国家首批运动休闲特色小镇；
2018年	上海市规划和自然资源局组织开展了"上海江南水乡传统建筑元素普查和提炼研究"，研究提炼崇明的乡村传统建筑元素和符号，塑造具备沙岛典型特征的乡村风貌； 港沿镇园艺村入选首批上海市乡村振兴示范村
2019年	新安村、北双村、永乐村入选第二批上海市乡村振兴示范村
2023年	崇明区共有23个村落入选乡村振兴示范村

崇明乡村建设与振兴历程（丁彦竹绘）

林绿如锦的树林

与景相融的聚落

水影清浅的港渠

风吹绿野的田园

生态岛建设下的崇明聚落（郑铄绘）

6.2 生态岛引领下的聚落风貌

6.2.1 风貌延续："师法自然、生态筑底"

依托水陆交融中呈现的生态岛屿之美，整合"海、岛、滩、水、湖、田"等崇明特色自然要素，在构筑上海大都市远郊乡村的生态基底的基础上，村落与田园风光交织呼应，还原上海郊野的原生态自然风貌和原乡土景观特色，实现人与自然的和谐共处。

崇明的村庄一方面融入田林有致的生态格局，一方面延续水路双网、田野阡陌的聚落特征，将湿地滩涂、田园农庄的风景资源作为整体管控框架，打造独具魅力的江南地区海岛村落景色，塑造乡村聚落与自然生态格局协调与融合的诗意场景。典型村庄有横沙乡丰乐村、三星镇新安村、陈家镇瀛东村、庙镇合中村等。

横沙乡丰乐村(崇明区)

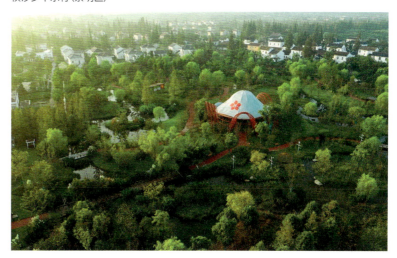

三星镇新安村(崇明区)

陈家镇瀛东村(崇明区)

6.2.2 文化传承:"水墨江南,传承创新"

基于"糅合南北、兼有中西"的崇明传统民居,融合转化江南水乡文脉,承载江南水乡村庄肌理,做好元素融合的提炼和建筑表达,传承与创新传统民居的材料建筑技艺,营造传统民居和江南地区的空间意境,适应新时代发展要求和生活品质追求。村庄空间上,延续田、水、街、舍共同组成的村庄肌理特征,新建村庄聚落以"簇群组团式"为主,融于自然环境中,凸显精致小巧。民居建筑建造上运用本土建筑工艺与材料,体现上海乡村地区朴实素雅的乡土气质,展现新江南风范。典型村庄有庙镇永乐村、建设镇虹桥村、绿华镇绿港村、新河镇井亭村等。

建设镇虹桥村(崇明区)

绿华镇绿港村(崇明区)

庙镇永乐村(崇明区)

新河镇井亭村(崇明区)

6.3 非遗文化的新演绎

近年来崇明区通过文化基地建设、文旅融合、举办宣传和展示活动等新形式保护活化崇明的非遗文化。崇明区建立了多个非遗文化基地，如扁担戏之家、土布创意空间、崇明米糕互动体验场所等，这些基地不仅用于展示和传承非遗文化，还吸引了更多人参与和体验。崇明区通过"非遗村"项目，推动非遗文化与旅游的融合发展，使非遗文化走进大众视野和更广阔的舞台。同时崇明区大力开展各种宣传展示活动，如"文化和自然遗产日"宣传展示活动、非遗和民间艺术展等，旨在提高公众对非遗文化的认识和兴趣。

6.3.1 非遗文化与新潮节庆的"联名"

崇明区依托各种节庆活动将传统非遗文化与现代生活方式相结合。

2023 年 2 月 5 日，崇明区文化馆于元宵节当天在一楼大厅开展"非遗闹元宵"崇明民间艺术展。展台上有各类特色盘扣，如模仿动植物的菊花盘扣、梅花扣、金鱼扣以及盘结成文字的"吉"字扣、"寿"字扣、"囍"字扣等，让人眼花缭乱，吸引了众多市民的目光。同时还有各种各样的竹编成品，有常见的生活用品和精致的小藤盘、香篮、花篮、鸽子、鹰等竹制工艺品，令人目不暇接。

扁担戏传承人朱聪为市民带来精彩的扁担戏展演，一个个故事都通过几个小小的木偶和传承人的口技，生动形象地表演了出来。这些项目的展示让场馆充满了热闹的氛围，让非遗融入现代生活。

崇明剪纸工艺品(崇明区)

扁担戏演奏现场(崇明区)

崇明现代灶花演绎(崇明区)　　　　　　　崇明灶花博物馆(崇明区)

6.3.2 非遗产品与乡村文旅的"联名"

2021年6月12日，"人民的非遗，人民共享"文化和自然遗产日活动在陈家镇第八社区热闹开展。演出有戏曲联唱《唱支山歌给党听》、山歌《泯沟沿上老蛸蛸》、沪剧表演唱《绣红旗》、山歌《十张台子》等，传统戏曲、山歌的演唱给大家带来了一场听觉盛宴。

2023年11月8日，第十七届崇明灶花艺术节在向化镇灶花堂拉开帷幕。活动现场，来自全岛各乡镇的数名灶花艺人和非遗传承人，以"奋进新征程 建功新时代"为主题开展灶花创作。"云上厨艺大赛""向化亲子游路线"等精彩环节，将非遗文化、美食文化、农耕文化和生态文化有机融合。

以"非遗文化和乡村旅游"为契机，充分利用当地旅游资源的优势，创新非遗保护模式，推动文旅融合走向纵深。在保护传承非遗资源的基础上，突破时空与形式限制，在旅客行、游、娱环节中植入形式多样的非遗展陈、展示、展演、体验活动。

例如竖新镇惠民村、新河镇井亭村的土布技艺体验坊、豆腐工坊，向化镇的灶花博物馆，新河镇新梅村的瀛洲古调琵琶体验教学、篱花板展览，以及多个手艺人之家，通过提升非遗项目融入性、互动性和代入感，让游客在以崇明为单位的景区内以一种寻宝的游玩模式全程感受、全程共享非遗活态魅力。

崇明布艺品(崇明区)　　　　　　　　　　崇明灶花博物馆(崇明区)

绿华镇"上海蟹港"(绿华镇)

崇明本地特产也不断融入现代化农业建设与发展。崇明拥有自己的藏红花产业，产业规模位列全国前三。在众多村庄中都有藏红花种植基地，其中庙镇永乐村依托藏红花产业，打造藏红花文化乡村，在产业与文化的结合中，走出属于自己的新赛道。

原先用作固土守家的百里黄杨树作为观赏树踏入经济市场，为崇明人民守护家业。至2018年，港沿镇园艺村中种植黄杨树、学做造型的人越来越多，黄杨种植技艺以村为单位并结合产业经济模式传承下来，在日新月异的改变中积蓄力量，正如遍植村庄的黄杨树从小苗到老树，在园艺村一望无际的翠绿中共同创造充满生机的未来。

绿华镇绿港村成功打造"绿华绿港，上海蟹港"旅游 IP 新地标的基础上，进一步做

瀛洲琵琶排练现场(崇明区)

大做强"橘黄蟹肥"品牌，以创意特色体验推出"蟹港蟹宴"，推进美食与旅游的深度融合，以高品质、高水准的文化旅游节品牌赋能绿港村乡村振兴，助力旅游 IP 强势"出圈"。

森林公园的春天，东风农场（2016年5月龚胜平摄）

附 录

附录A
调研工作组织与过程

1. 组建联合调研团队

在区规划资源局、各镇（街道、乡）村的大力支持下，由中国城市规划设计研究院上海分院牵头、华建集团上海建筑设计研究院有限公司（简称上海院）和上海大学共同参与，组成联合调研团队约22人，组长为袁海琴（中国城市规划设计研究院上海分院）、毛春鸣（华建集团上海建筑设计研究院有限公司）、魏枢（上海大学）。

2. 前期准备与技术培训

7月21日，市规划资源局于上海市城市规划展示馆召开上海特色民居村落风貌保护调研普查技术培训会，上规院详细介绍调研工作要求、工作流程、调研指南、调研分工、成果示例等内容，市测绘院介绍调研APP。

2023年8月1日，调研普查启动会在区规划资源局会议室召开。市规划资源局、区规划资源局、16个涉农乡镇规环办负责人、调研团队参加会议。会议介绍了工作背景、计划安排以及对接需求和任务等。会后正式启动调研。

3. 工作方法

从8月1日至9月20日，历时51天，调研团队对全区乡村民居点位、村落布局、风貌元素、空间格局、聚落肌理和自然特征等开展全面普查。调研团队通过现场调查、资料收集、调查问卷、专题研讨、座谈、访谈等多种形式，通过无人机航拍、调研APP照片点位信息实时上传、全景三维影像制作和三维建模等先进技术手段，全方位挖掘、多角度记录、多维度呈现调查成果，描绘美丽生动的崇明乡村画卷。共计开展座谈30余场，访谈200余人。

此次普查重点调研258个村、1个特色风貌区（草棚村），发现具有特色风貌的村庄46个，占总数量的18%，包含历史风貌特色村庄和生态人文特色村庄，主要分布在崇明中部乡村带区域。普查发现，代表性建筑共计69处，按年代划分，1949年前特色建筑56处，围垦时期特色建筑23处，1980—1990年代特色建筑3处。此外发现古树33处，承载明清商贸文化的古街21条，建议结合各村实际进行适当保留。

2023年8月1日启动会现场照片（丁彦竹摄）

集中内业工作（2023 年 8 月丁彦竹摄）

庙镇江镇村入户调研（2023 年 8 月薛平摄）

堡镇堡渔村实地踏勘（2023 年 8 月许良璨摄）

三星镇育新村党委书记带领调研（2023 年 8 月丁彦竹摄）

4. 调研过程

（1）8 月 1—6 日

调研团队按照工作分工，收集负责区域的四张底图等基础资料并完成前期判读工作（包括了解村庄的村域空间、聚落肌理、建筑特征和文化民俗等），对负责区域的基本情况进行熟悉（包括地理区位、行政沿革、风貌特色等），学习调研手册和访谈提纲，初步确定调研计划与行程。第一周周四、周五按计划展开调研，共调研三星镇、新村乡等处的 28 个村。调研团队一起学习调研软件，讨论并完善调研计划和工作分工。调研团队与三星镇、新村乡的乡镇领导、村领导提前沟通了解村庄情况后到村庄进行实地调研、进行座谈与记录工作。

（2）8 月 7—13 日

调研时间	分组	调研任务	
		村	镇
8月7日（周一）	第①组	绿湖村、绿园村、保安村、保东村、猛西村	绿华镇、庙镇（17村）
	第②组	绿港村（乡村振兴示范村）、华渔村、米洪村（风貌特色村）、猛东村	
	第③组	华星村（乡村振兴示范村）、华荣村、永乐村（乡村振兴示范村）、小竖村、庙中村	
	第④组	华西村（风貌特色村）、合中村（乡村振兴示范村）、周河村	
8月8日（周二）	第①组	白港村、窑桥村、和平村、江镇村、启瀛村	庙镇（18村）
	第②组	庙西村、爱民村、庙南村、民华村、通济村	
	第③组	庙港村、南星村、联益村（乡村振兴示范村）、宏达村	
	第④组	鸽龙村、镇东村（乡村振兴示范村）、万北村、万安村	
8月9日（周三）	第①组	协北村、协兴村、北闸村、浜东村（风貌特色村）、浜西村（风貌特色村）	港西镇、建设镇（25村）
	第②组	排衙村、协西村、新港村、虹桥村（乡村振兴示范村）、三星村、富安村（乡村振兴示范村）	
	第③组	盘西村、富民村、团结村、白钥村、界东村，洮东村，运南村	
	第④组	静南村、双津村、北双村（乡村振兴示范村）、建垦村、蟠南村、大同村、建设村	
8月10日（周四）	第①组	大椿村、育才村、时桥村、竖西村、竖南村	竖新镇（20村）
	第②组	椿南村、仙桥村（乡村振兴示范村）、竖河村、永兴村	
	第③组	春风村、响啁村、新征村、明强村、油桥村	
	第④组	前卫村、跃进村、大东村、前哨村、惠民村（乡村振兴示范村）、堡西村	
8月11日（周五）	第①组	湾南村、马桥村、城桥村	城桥镇（共14村，调研13村，鳌山村已经开始撤并）
	第②组	新闸村、元六村、长兴村	
	第③组	侯南村、推虾港村、聚训村	
	第④组	利民村、运粮村、山阳村、老滧港渔业村	
8月12日（周六）	第①组	民生村、卫东村、进化村、新民村（乡村振兴示范村）	新河镇（17村）
	第②组	新光村、新隆村、三烈村、天新村	
	第③组	群英村、永丰村、金桥村、井亭村（乡村振兴示范村）	
	第④组	强民村、新建村、兴教村、石路村、新梅村	
8月13日（周日）	同步内业整理		

（3）8月14—19日

调研时间	调研分组	调研任务	
		村	镇
8月14日（周一）	第①组	富军村、富强村、港沿村、建华村、跃马村	港沿镇（21村）
	第②组	富国村、骏马村、建中村、同心村、合兴村（乡村振兴示范村）	
	第③组	惠军村、惠中村、园艺村（乡村振兴示范村）、合东村、鲁东村	
	第④组	齐成村、齐力村、同滧村、漾滨村、鲁玙村、梅园村	
8月15日（周二）	第①组	阜康村、春光村、米新村、富圩村、北兴村（乡村振兴示范村）、开港村	向化镇、中兴镇（23村）
	第②组	北港村（乡村振兴示范村）+座谈、齐南村、永隆村、永南村、胜利村	
	第③组	卫星村、向化村、花仓村、汲浜村、红星村、中兴村	
	第④组	南江村、六滧村、渔业村、爱国村（乡村振兴示范村）、七滧村、滧中村	
8月16日（周三）	第①组	德云村、裕西村（乡村振兴示范村）、陈西村、陈南村	陈家镇（共21村，调研16村，撤并5村：裕北村、朝阳村、铁塔村、新桥村、东海村）
	第②组	裕安村、鸿田村、八滧村、协隆村	
	第③组	晨光村、展宏村、奚家港村、先锋村	
	第④组	花漂村、裕丰村、立新村、瀛东村（乡村振兴示范村）+座谈	
8月17日（周四）	第①组	石沙村、创建村、先丰村、先进村、丰产村	长兴镇（共22村，调研18村，撤并4村：新建村、合心村、同心村、鼎丰村）
	第②组	建新村、潘石村（乡村振兴示范村）、团结村、长明村、新港村、	
	第③组	长征村、红星村、大兴村、庆丰村	
	第④组	光荣村、北兴村、圆东村、农建村	
8月18日（周五）	第①组	富民村、江海村、永发村、新春村、公平村、新联村	横沙乡（24村）
	第②组	惠丰村、民生村、新北村、新永村、红旗村、丰乐村（风貌特色村）	
	第③组	民星村、永胜村、民东村、增产村、海鸿村、兴隆村	
	第④组	民永村、民建村、东海村、兴胜村、东兴村、东浜村	
8月19日（周六）	第①组	堡北村、人民村、花园村、彷徨村	堡镇（18村）
	第②组	财贸村、桃源村、小漾村、米行村	
	第③组	堡渔村、堡港村、五滧村、四滧村、瀛南村	
	第④组	菜园村、营房村、南海村、永和村、堡兴村	

崇明区乡村调研足迹图（丁彦竹绘）

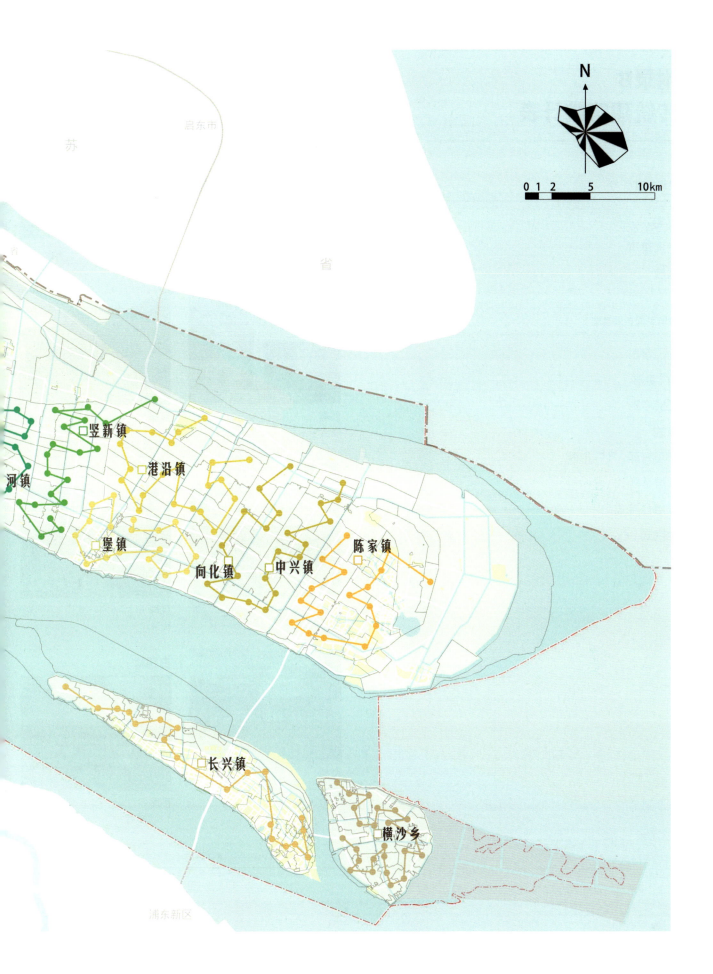

N

0 1 2　　5　　　10km

苏

启东市

省

河镇

竖新镇

港沿镇

堡镇

向化镇

中兴镇

陈家镇

长兴镇

横沙乡

浦东新区

附录B
传统建筑统计表

建筑类别

民宅 ————————————— ⌂

纪念建筑 ————————————— ⦿

宗教 ————————————— ⚕

建筑平面布局类型

"一"字形 ————————————— 一

"T"字形 ————————————— T

"凹"字形 ————————————— 凹

点式 ————————————— △

一正一厢 "L"形院 ————————————— L

单层合院式 ————————————— 凹

双层合院式 ————————————— 凹

合院式 ————————————— ▱

建设镇 (9)

浜东村

民居   ⌂
晚清

民居   ⌂
晚清

三星村

民居   ⌂
晚期

民居   一 ⌂
晚清

浜西村

民居   L ⌂
晚清

民居   ⌂
晚清

富安村

民居   一 ⌂
晚清

白钥村

民居   一 ⌂
1949年后

汲东村

民居　　　　　一
民国

向化村

民居　　　　　一
1949年后

裕安村

寺庙
始建于民国二十八年（1939）

先锋村

民居　　　　　L
民国

向化镇（4）

春光村

教堂
始建于清光绪十八年（1892），
1994年新修

米新村

民居　　　　　一
1949年后

卫星村

民居　　　　　凹
1949年后

陈家镇（8）

德云村

寺庙
始建于20世纪三四十年代，
2004年改、扩建
砖木四方形阁楼式

八汲村

民居
晚清

协隆村

寺庙　　　　　◇
始建于明末清初，
2010年重修扩建至今

鸿田村

寺庙
始建于清光绪三十一年（1905）
砖木四方形阁楼式

永和村

民居　　　　　丁
1949年后

瀛东村

民居　　　　　L
1949年后

三星镇（4）

育德村

民居　　　　　L
民国

东安村

教堂
始建于清同治二年（1863）

平安村

民居　　　　　一
晚清

草棚村

民居 　　　　　一
民国

米洪村

寺庙 　　　　　
始建于清咸丰年间

庙中村

民居 　　　　　一
民国

建华村

民居 　　　　　凹
晚清

庙镇(9)

猛西村

民居 　　　　　一
晚清

和平村

民居 　　　　　凹
晚清

窑桥村

民居
晚清

通济村

民居 　　　　　一
晚清

周河村

民居
晚清

镇东村

民居
晚清

小竖村

民居 　　　　　一
民国

跃马村

私塾 　　　　　L
1949年后

建中村

教堂 　　　　　
始建于清道光二十一年
(1841)，2009年重建

骏马村

教堂 　　　　　
始建于清康熙十六年
(1677)，2006年重建

港西镇(5)

齐力村

民居
1949年后

排衙村

民居
晚清

鲁东村

民居
民国

静南村

寺庙 —
民国二年（1913）
砖木四方形阁楼式

合东村

民居 —
1949年后

团结村

民居
民国二十五年（1936）

金桥村

民居 —
1949年后

富民村

民居
晚清

盘西村

民居
民国

中兴镇(3)

北兴村

民居 —
1949年后

汲浜村

民居 —
民国

中兴村

寺庙
民国三十五年（1946）
迁建于此

堡镇(7)

财贸村

民居
民国十六年（1927）

米行村

民居
清

永和村

民居 T
1949年后

四滧村

民居 L
民国

新河镇（8）

竖新镇（6）

五洴村

民居　—
民国

瀛南村

民居
民国

堡港村

民居
1949年后

天新村

民居
晚清

民居　L
晚清

民居
晚清

新隆村

民居　—
晚清

强民村

民居　L
1949年后

井亭村

民居
民国

群英村

民居　—
民国

永丰村

民居
1949年后

大东村

民居
晚清

堡西村

民居　—
晚清

明强村

县委机关旧址
民国十八年（1929）

供销社旧址
晚清

城桥镇（5）

响啊村

民居　
民国

油桥村

民居　凹
民国

山阳村

民居　一
1949年后

老滧港渔业村

天后宫　◇ ◉
1949年后

山阳村

民居　一
1949年后

侯南村

民居
晚清
仅存仪门

推虾港村

民居　L
1949年后

横沙乡（2）

丰乐村

民居　
晚清

兴隆村

民居　一
1949年后

附录C
古街、古桥统计表

类别

古街 ————————

古桥 ————————

三星镇 (8)

海滨村

古街
朱显谟院士故居周边街巷

永安村

永安镇古街

新安村

新安古街

育德村

协隆镇古街

东安村

老鲜行镇

草棚村

草棚古街

西新村

西新镇古街

沈镇村

沈镇古街

建设镇（2）

浜东村

浜镇东街、灵龙街

浜西村

浜镇西街

竖新镇（2）

响哃村

响哃老街

大椿村

大椿镇老街

港西镇（2）

协兴村

协兴镇东街

排衙村

排衙老街

堡镇镇（2）

四滧村

四滧老街

五滧村

五滧老街

庙镇（1）

小竖村

小竖河镇老街

新河镇（1）

群英村

谢家镇老街

向化镇（1）

向化村

向化老街

中兴镇（1）

七滧村

七滧镇老街

横沙乡（1）

丰乐村

丰乐镇老街

绿华镇（2）

华星村

古桥
三四十年桥龄

运南村

古桥
约六七十年桥龄

附录D
主干河道统计表

类别

古河道 ——————————————

环岛运河

各乡镇

庙港

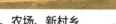

庙镇、农场、新村乡

团旺河

农场

老滧港

城桥镇、建设镇、农场

四滧港

堡镇、港沿镇、农场

新河港

新河镇、农场

八滧港

中心镇、陈家镇、农场

鸽龙港

庙镇、农场

堡镇港

堡镇、港沿镇、农场

六滧港

向化镇、农场

附录 E
古树统计表

类别

古树 —————————————

三星镇（6）

西新村

柿子树

榆树

榆树

邻江村

国槐

育德村

榆树

北桥村

香樟

庙镇（5）

永乐村

三棵榉树

米洪村

榉树

保东村

榆树

猛西村

柿树

启瀛村

银杏

新村乡（1）

新中村

苦楝

港西镇（17）

富民村

丝棉木

龙柏
85年树龄

龙柏
85年树龄

龙柏

龙柏

龙柏

团结村

龙柏

龙柏

龙柏

龙柏

龙柏

广玉兰

龙柏

榉树

雪松

双津村

龙柏

榉树

建设镇(5)

运南村

苦楝

银杏

银杏

蟠南村

朴树

三星村

黄杨

竖新镇(5)

春风村

瓜子黄杨

明强村

龙柏

油桥村

朴树

竖河村

菩提树

前卫村

银杏

城桥镇(3)

元六村

柏树

长兴村

榆树

马桥村

榆树

新河镇 (6)

井亭村

榔榆

榉树

天新村

榆树

强民村

桂花

银杏

石路村

桂花

港沿镇 (5)

合东村

榉树

榉树

港沿村

广玉兰

富国村

银杏

梅园村

朴树

陈家镇 (5)

裕西村

榆树

堡镇(5)

陈南村

雪松 🌳

广玉兰 🌳

罗汉松 🌳

花漂村

朴树 🌳

长兴镇(1)

建新村

柏树 🌳

横沙乡(4)

增产村

香橼树 🌳

新永村

银杏 🌳

红旗村

柿子树 🌳

兴盛村

银杏 🌳

四滧村

银杏 🌳

彷徨村

龙柏 🌳

桃源村

榉树 🌳

永和村

榉树 🌳

朴树 🌳

附录F
调研感悟

F1　　对话崇明乡村的生命力

"长洲白沙石，古镇临江开。茫茫芦苇滩，疏影晚潮来。"数千载的潮涨沙尘，衔珠吐玑，成就了崇明成为世界上最大的河口冲积岛。调研之前，我们曾细细翻阅史志，从文字中，我们读到从历史时期的苍茫芦荡边为了抵御水患、倭寇侵扰而形成水沟环绕的"宅沟"聚落，是崇明；到明清年间来往频繁、漕运兴盛场景中的商贸老街，也是崇明；再到如今广袤农田和村庄相融的壮阔景观，这些都是崇明。但若真的走进崇明，她又会展现如何的风貌？

八月酷暑，夏日的热风催促我们赶紧前行。可真到了崇明乡间，随之而来的清风，让人如同压紧的弹簧骤然放松了似的。

它确实是膏腴万顷的田园聚落。从汽车驶出海底隧道的一刹那，城市的边界消失在四面的田野里，崇明的蓝绿逐渐拥抱我们。海风伴着淤积漫滩边的茫茫芦苇，散布的村庄与辽阔的田野交织呼应，还原沙岛上最原生态的自然风貌和原乡土的特色景观。水塘里的伯伯招呼我们："来，想看看扣蟹吗？"果树上未成熟的翠冠梨惹人垂涎欲滴；村内老人编织着张张独特花纹的土布，在梭子来回穿梭间，土布的纹理在光影下展现出无穷的张力，唤醒着农耕时代的时光印记。

它曾经的繁华场景仍依稀可见。在"水陆并行、河街相邻"的古村中漫步，在浜镇、排衙、新安老街的青瓦建筑面前停驻，思绪便可穿越，遥想几百年前曾紧靠海岸线的繁华港口，镇上坊肆栉比，商贾云集，庄、楼、馆、园、坊、当、铺琳琅满目……彼时开放的航运商贸带来的江南文化、海派文化与沙岛本地文化融合，可在历史建筑中窥见一二：观音兜、五峰山墙代表着徽派元素，圆山花、宝瓶状栏杆、三角窗花展现出西洋元素，一窗一阁、鱼鳞门更是彰显着崇明人民之于建筑创新的智慧。这些通过典型建筑、聚落空间所承载的文化切片，为崇明未来更好地活化利用特色风貌村落提供有力的支持。

面向更未来的 2035 年，崇明有着更高的使命，它必然要时刻思考如何在世界级生态岛的目标下做好大都市远郊地区乡村和谐发展的试验地，塑造大江南水乡聚落的人居环境典范。而作为规划师，我们更应守住崇明博大精深的传统文脉和价值，用文化寻根寻踪，与山水自然为善，尽之所能，或倾力营村，或泽一方民众。

搬进城市的人们常常会想念一座远离喧嚣的乡间小屋，那就在夏暮或秋初去崇明吧，可看"榆柳荫后檐，桃李罗堂前"，可游"凉棚商埠，水汀宅院"，听听老人讲历久弥新的故事。那些自然和人文的韵味，不可名状，但就藏在崇明的乡野中，隐在崇明的聚落里。

郑铄（中规院上海分院 规划师）

F2　　钟情乡土，多元探索

初入崇明，笔直的马路两侧是葱郁的树木，水面阳光亮得晃眼，精致的小楼点缀两侧，视野拓展，疏朗开阔……久在樊笼里，复得返自然，我的筋骨瞬间松弛，我对乡村的情愫缓缓释放开来。非常幸运能去探索这样一片土地，让我们可以用多样的方法记录并描摹下崇明的一切。

这里水系丰沛、农田整齐、阡陌纵横、四汀环宅。无人机起起落落千百次，河道、农田、聚落相互勾勒镶嵌，崇明的平面清晰可见。三维建模技术细致还原村落的建筑聚落，房檐屋脊、门窗山墙，立体的崇明呈现眼前。调查普查系统里装载了两百余个村落的特色之处，一木、一水、一田、一老屋，上千个记录点是我们认知崇明的见证，我们的足迹遍布崇明。我们和崇明的人产生了深深的链接，我们也就一头扎进林崇明的乡土之中。

阳光强烈，乡情切切，这里的人带我穿梭孩童时代、围垦岁月、市镇兴勃之年。乡村的生活是平和包容的，我们调研的一行人，就这样不经意间，进入到村民的生活场景中。

新卫村退休多年的老书记一边用手比画，一边清清楚楚地说出村里的每一次变革的时间和大事件。看似年轻崭新的村落在他的描绘下也铺上了一层柔和的金色，那是用汗水换来的光辉岁月。

新安村的大爷佝偻着身子，中气十足地讲述新安老街数十年前的车水马龙，歪倚倾斜的破损木屋乘着他的记忆焕发光彩。恍惚间时间流转，我仿佛听到了石板路两旁高低嘈杂的叫卖声。

育德村支部书记热情邀请我们去到他念书的小学，讲述学校的变迁。杂草丛生的荒废平房教室，在他的生动言语下变得温厚又可爱。

调研队伍大步走在田坎路上发现水田里拉起长长的笼网，整齐划一地排排蹲下，定睛一看，是小小的蟹苗，当地居民热情地给我们科普——这是"扣蟹"。偶尔瞥见村舍前晒得金灿灿的南瓜；果树上未成熟的翠冠梨惹人垂涎欲滴……烈日炎炎，村路旁大姐叫卖的西瓜一元一斤，多汁脆甜，为我们一扫炎热与疲惫，调研队伍秒变"吃瓜大军"。

乡村，也是小动物们的快乐家园。调研过程中除了乡村本身的特色，另一大焦点那就是出没于乡村田野、小径、屋前屋后各个地方的"田园狗狗"了，它们让乡村显得更加可爱和灵动。老茶馆、老理发店、小卖部承载村民日常交往的生动细节——泛黄陈旧的货架、落灰的玻璃镜子、滴滴答答的时钟、平淡琐碎的家常话，或许几代人过去了，他们还是那个模样——在时间中凝固了。

我想保护这些珍贵乡村的前提是深刻意识并扎实做到：我们从乡土中来，跳出高楼，踏田串巷，于现实中寻觅真知，具象实践精神，然后扎到乡土中去。

丁彦竹（中规院上海分院 规划师）

F3　乡村风貌的认知与思考

崇明岛的传统民居建筑具有鲜明的江南水乡特色。在建筑结构上，大多采用传统的木框架结构，这种结构能够适应崇明岛的地质条件和气候特点。同时也注重实用性和景观的协调，常常将生活空间和自然环境融为一体。在建筑外观上，以白墙灰瓦为主，这种色调既简洁明快又显得素雅清新。建筑细节中雕刻精美的砖雕和脊饰等装饰，表现出江南水乡的细腻和精致。在建筑功能上，也充分考虑了人们的生活需求。例如，灶间和纺织间等生活设施都被设计得十分实用和巧妙。灶间一般设在房屋的一角或中心位置，能够方便家中的烹饪活动。纺织间则设在房屋的一侧或后部，靠近窗口的地方，以便于采光和通风。

传统民居建筑还具有浓郁的地方特色。例如，在房屋周围通常会挖一圈宅沟，这既能够用于灌溉田地和养殖鱼虾，又能够排涝防灾和防火防盗。这种独特的沟渠文化也反映了崇明岛农民们的生活智慧和勤劳精神。并且传统民居建筑还注重与自然环境的和谐相处，在房屋宅前屋后常常会种植一些树木和花草，这不仅能够美化居住环境，还能够净化空气和调节气候。也常常会利用当地的材料和地形特点，使得房屋能够与自然环境融为一体。崇明岛的传统民居建筑不仅代表了当地的历史文化传统和江南水乡的独特风貌，也体现了当地人民的生活态度和智慧。这些民居建筑不仅具有极高的艺术价值和文化价值，也为后人了解和研究崇明岛的历史和文化提供了重要的资料。

同时，本次调研也发现一些发展中的挑战。1980年后，上海乡村的居住条件稳步提升，建筑风格越发多样化。村落大都丧失上海传统民居风貌，取而代之的是杂糅风貌。普通村民对传统民居的认同感普遍较低，如一处历史建筑现状功能为废品回收站，造成二次破坏。希望上海传统民居风貌的留存保护工作得到更多重视，对于留存较好的传统民居建筑进行及时的保护与修缮。一些房屋空置、久未修缮或已坍塌破败的传统民居建筑，因修复难度较大，建议进行照片记录，为当地历史文化研究提供参考依据。

何禾（上海院 建筑师）

F4　崇明乡村风貌保护调研有感

2023 年 8 月，对崇明乡村的走访调研让我更加深刻地了解到崇明村落的历史演变、风貌特征及形成机制，也认识到乡村独有的价值所在。

崇明区特色村落有着独有的聚落肌理与特色场景。村域空间在村落与自然景观下呈现明显的线形条带，农村居民点沿村主路和河道平行布置，呈带状布局。村落布局垂直于田间道及镇级河道，沿村路及沟渠呈行列式延伸，衍生可沿支渠衍生"X""艹""丰""十"等聚落形态。曾经的古街商业繁忙，人来人往，为了方便贸易往来，建筑布局多形成水路双行、前店后居、街面凉棚的特色场景，面向街道为商铺集市，往往会建造出挑的半户外空间，供往来行人休憩纳凉、商贸交易、驻留观景，这一特色空间在崇明被逐渐延续下来。

崇明区特色村落有着别具特色的建筑元素。沙岛文化和江南文化融合下的建筑创新，"三进两场心""观音兜、五峰山墙""一窗一闼"等。在沙岛文化和江南文化融合下的建筑创新，并伴随着上海市区海派风格建筑大量涌现，民居出现了中西合璧的建筑——江南水乡传统民居局部点缀西方建筑装饰。建筑布局以"三进两场心"为代表，四厢屋宅外再建相对独立的东西厢房及外门道房，有两个场心，建筑外墙一般不设窗户，保持宅子的私密性。又建厢房及外厅，便成为"三进两场心"，有里外两道墙门；厕所一般建在住宅东北角或西南角。民居呈现单层坡屋顶，青砖白墙，外墙装饰，砖木混合的结构形式，山墙形式多样化，有"观音兜、五峰山墙"等徽派元素的融入，屋顶有硬山顶和悬山顶，屋脊有装饰山花。室内以白色或水泥砂浆墙面铺设，筑脊形式简单；受海岛气候影响，为了便于织布机的搬进搬出，门窗以"一窗一闼"形式为代表，以木饰墙和木饰窗为主，部分民居嵌入了西洋元素如"圆山花、宝瓶状栏杆、三角窗花"等。

崇明区特色村落具有较高的历史价值和学术价值，我们理应加强对其的保护，规划先行，合理定位。对于遗存的老街，在现有的框架下，对保护规划所涉及的区域做综合定位和控制，保护路网格局，以从整体上保证老街的风貌。注重环境，整体保护。首先要对街区整体历史风貌进行确认，在此基础上制定相应的对周边一定区域的风貌控制要求。

希望崇明特色村落在政府的领导下，各相关单位各尽所能，参与其中的每个人充分施展才智，使其能够延续其特点，为上海乃至全国发挥更大的作用，创造更大的价值。

曹鑫浩（上海院 建筑师）

F5　乡村风貌调研与思考

本次调研的代表性建筑，基本都是50年以上的老建筑，旧居以晚清建筑风格为主，主要体现了江南水乡传统风貌。住宅与自然环境协调，呈现"粉墙黛瓦"，直屋脊，小青瓦硬山、悬山屋顶的风格。建筑形式丰富多样，典型的代表形式有"宅沟院宅"。四汀宅沟依水而生，四面环水，呈封闭式，房屋周边环境幽静，景色优美，突显朴素而雅致的江南水乡风格，强调建筑与自然的结合，体现"天圆地方"的特点。四汀宅沟的整体布局坐北朝南，外形方方正正，讲求对称，院落宽敞。其中，倪葆生的旧居是典型的"四汀宅沟"类型住宅，宅邸除南面正门方向外，周边三面有护宅沟，主要屋堂坐北朝南，四进三院式砖木结构，拥有"四汀宅沟"类型住宅内最高的"四进三场心"形制。

也有在沙岛文化和江南文化融合下的混合建筑，建筑整体布局以"三进两场心"为代表，四厢屋宅外再建相对独立的东西厢房及外门道房，有两个场心，又建厢房及外厅，便成为"三进两场心"，有里外两道墙门；厕所一般建在住宅东北角或西南角。民居呈现单层坡屋顶，青砖白墙，外墙装饰，砖木混合的结构形式，山墙形式多样化，有观音兜、五峰山墙等徽派元素的融入，屋顶有硬山顶和悬山顶，屋脊有装饰山花。室内以白色或水泥砂浆墙面铺设，筑脊形式简单；受海岛气候影响，为了便于织布机的搬进搬出，门窗以一窗一闼为代表，以

木饰墙和木饰窗为主，部分民居嵌入了西洋元素，如圆山花、宝瓶状栏杆、三角窗花等。

天主教堂主要为中西混合砖混结构，融入哥特式、罗马式和中国式元素。屋面堂前立面为硬山墙会配有罗马柱式和拱门。白墙灰瓦，以砖石混合，两侧有彩色花窗玻璃，红色圆形拱门，建筑看上去线条简洁、外观宏伟大气。建筑屋脊有雕花精细，拱形门较为精致，圆形彩色玻璃玫瑰窗，窗棂的构造工艺十分精巧繁复，并配有罗马柱围栏，建筑内部十分开阔明亮，屋内摆设精致，家具齐全。代表建筑：大公所天主教堂、始胎堂天主教堂等。

另外的寺庙建筑，历史悠久，规格一般比较高，整体气势辉煌、磅礴气象，建筑结构基本采用传统木构架砖木混合结构，均在旧址的基础上重建或扩建，平面布局一般有山门，天王殿，大雄宝殿，法堂，厢房，及各个佛配殿等，大雄宝殿屋面重檐歇山式屋顶，厢房为硬山坡屋顶，屋顶轮廓线丰富，屋脊有山花。立面分别为悬山和硬山。建筑细部雕花精美，有莲花吊顶和墙面装饰图案，门窗为木质传统纹样镂空花纹，寺内佛像、经书、法器、家具等一应俱全。代表建筑：广良寺、三佛讲寺等。

通过这次调研感触最为深刻的是，看到一些老街老建筑，在风霜雨雪的吹打下，摇摇欲坠，破坏较为严重，部分甚至残缺不全，虽然建筑结构风貌犹存，但仍感惋惜。

宋宁（上海院 建筑师）

F6   基于村落文化保护对实地调研的浅层次思考

参加 2023 年上海乡村民居村落风貌实地调研的崇明片区工作，无疑是一次深刻的学习和体验。在这一个月的时间里，我不仅亲身体验了乡村的生活，也对乡村文化和历史有了更深的理解。

在调研过程中，我看到了乡村文化的丰富性和多样性。无论是倪葆生旧居的历史底蕴，还是明强村清代县衙的传统建筑美学，都是文化传承的重要组成部分。同时，那些保存不善的文化遗迹，如侯南村仪门和五滧村鱼鳞窗，也提醒我们乡村文化保护的重要性和紧迫性。

崇明片区丰富的自然风光让我深刻感受到自然的恩赐。这里的生态环境和生物多样性是宝贵的自然资源，我们有责任和义务去保护和珍惜。这也让我思考如何在现代化进程中实现人与自然的和谐共生。

每天在高温酷暑中走访六七个村子，虽然辛苦，但也锻炼了我的意志力和耐力。这种不畏艰难、坚持不懈的精神是我在调研活动中获得的宝贵财富。

调研活动的成功离不开团队的协作。在这个过程中，我学会了如何与团队成员有效沟通，如何分工合作，共同完成任务。团队合作的力量让我深刻体会到，集体的力量总是大于个体。

实地调研让我认识到，理论知识虽然重要，但只有深入实地，才能真正理解和掌握知识。这种实践经验是无法从书本上获得的。

调研过程中，我不仅看到了乡村的美丽和潜力，也看到了乡村面临的挑战。乡村振兴不仅仅是经济发展和基础设施建设，更是文化传承和社会发展的过程。这让我思考如何通过合理的规划和创新，对传统乡村中民居组合出的场域空间的保留，以及肌理的延续。

首先，传统乡村民居的组合往往有着特定的布局和功能分区，这些布局反映了乡村社会的生活方式和价值观念。在乡村振兴过程中，应当尊重这些传统布局，避免盲目拆除和重建，以免破坏原有的社会结构和社区关系。

其次，乡村中的广场、街巷、水井周边等公共空间是村民日常生活和社交的重要场所。这些空间不仅具有实用功能，也是乡村文化和社会互动的载体。保护这些公共空间，有助于维持乡村的社区活力和文化传承。

然后，对于一些闲置或废弃的民居，可以通过适度的更新和改造，使其适应现代生活的需求，同时保持原有的风貌和结构。这样的利用方式既能保护传统民居，又能为乡村带来新的活力。

最后，是对肌理的延续，乡村肌理很大程度上取决于建筑的样式和材料。在新的建设活动中，应当尽量采用当地的建筑材料和建筑技术，保持与传统建筑的和谐统一。当然，乡村肌理不仅包括建筑，还包括周边的自然环境，如水系、植被等。在乡村振兴过程中，应当注重保护自然环境，使人工建设与自然环境和谐共生。

总之，这次调研活动不仅让我对乡村文化和历史有了更深的理解，也锻炼了我的实践能力和团队合作精神。我将把这些经验和感悟应用到未来的学习和工作中，不断提高自己的综合素质，为乡村振兴和社会发展作出贡献。

许良璨（上海院 建筑师）

F7　特色民居村落风貌与乡村振兴

2023 年 8 月，我非常有幸参加了上海崇明区特色民居村落风貌保护调研普查，通过对崇明区各村落的田、水、路、林、村的整体特征和空间格局概况的实地勘察，让我更深入了解了上海非典型水乡地区风貌特征及其形成机制。通过对特色民居的走访调查，了解到一些优秀历史建筑的建筑特点，例如具有崇明地区特色的沈银才故居是典型的"四汀宅沟"类型住宅，建筑四面皆有护宅沟，四面环水，呈封闭式，主入口通过亭桥与外界相连；房屋周边环境幽静，景色优美，形成"沟—桥—堤—宅—田—塘"相结合的江南水乡风貌。

随着乡村振兴及美丽乡村政策的实施，传统农村住宅升级、改造，满足居住和乡村特色旅游配套服务的需求。在提高乡村经济、政治、文化，完善乡村建筑及基础设施配置的基础上，要切实保护村庄的传统选址、格局、风貌以及自然和田园景观等整体空间形态与环境，全面保护文物古迹、历史建筑、传统民居等传统建筑。尊重原住居民生活形态和传统习惯，加快改善村庄基础设施和公共环境，合理利用村庄特色资源，发展乡村旅游和特色产业，形成特色资源保护与村庄发展的良性互促机制。乡村的肌理、乡村传统建筑及其周围的环境，弘扬乡村的传统工艺和乡村文化实现乡村地区的发展是落实乡村振兴战略规划。很多乡村传统建筑都面临着不能使用或者是被淘汰的命运，乡村建筑的保护与改造不能盲目拆建，需要最大程度保留了乡村建筑的原本面貌，并且赋予了乡村建筑新的功能。

对于具有研究意义的传统农村建筑，需要加强保护加固。对于已经损坏或者破坏较为严重的古建筑，修复应该遵循文物保护的原则，尽可能保留原有的历史文化价值。希望此次崇明区特色民居村落风貌保护调研普查工作，让具备本土特征的典型聚落和传统民居得到更好的保护。

朱东（上海院 建筑师）

F8　乡村振兴 崇明启示

2023 年 8 月，我有幸参与到崇明乡村调研项目当中。通过查阅资料、实地踏勘、现场访谈等方式，我们对于崇明的乡村风貌、历史文化和社会人文都有了更加直观和深入的认识。

在乡村振兴国家战略的引领下，崇明区的经济社会发展交出了精彩的答卷：在一望无际的稻田中，农业无人机低空盘旋喷洒农药，用科技手段助力农业生产；在港沿镇园艺村，农户们种植瓜子黄杨等园艺植物，用特色农业谱写新的致富经；在堡镇四滧村，政府部门深入挖掘百年古银杏树蕴含的"银杏文化"，打造银杏主题的保护区，助力崇明生态文明和精神文明建设。

崇明在乡村振兴领域的成功经验，或许也可以为其他地区提供一些参考：1. 立足当地特色，发挥自身优势。2. 引进先进技术，赋能现代农业。3. 深耕细分领域，寻求差异竞争。4. 弘扬传统文化，建设精神文明。

短暂调研中取得的认识未免粗浅片面，在日后的工作学习中仍有很长的路要走。诚如古人所说"纸上得来终觉浅，绝知此事要躬行"——坐办公室全是问题，走进基层都是答案。坚持深入一线，坚持问题导向，坚持实事求是，坚持改革创新，我们的事业才会有生生不息的动力。

张鹏翔（上海院 建筑师）

F9 浅谈乡村保护与传承

通过本次调研活动，深切感受到村落里原有的建筑与村落肌理正逐渐消失。上海，这座繁华的都市，拥有着丰富的历史文化遗产，其中传统村落就是其中之一。这些村落承载着上海的历史记忆，见证了这座城市的变迁与发展。然而，随着城市化进程的加快，传统村落的保护与传承问题日益突显。本文将探讨上海传统村落的保护与传承的重要性，以及如何采取有效的措施来保护这些珍贵的文化遗产。

传统村落是上海历史文化的载体。它们见证了上海从渔村到都市的演变过程，是上海城市发展的重要见证。这些村落中保存着丰富的历史遗迹、古建筑、传统手工艺等，这些都是我们了解和认识上海历史的重要途径。保护传统村落，就是保护我们的历史记忆，也是对后代的负责。我们调研的是崇明岛，作为上海最大的岛屿，传统村落也随着时代的变迁逐渐衰败，对传统村落重新赋能，注入新的活力，利用上海的优势，使得村民回流，为乡村保护提供动力。

这些村落拥有独特的自然景观。在这里，你可以感受到大自然的魅力，也可以领略到古人的智慧和创造力。保护传统村落，就是在保护我们的生态环境，为子孙后代留下一个宜居的环境。然而，随着城市化进程的加快，传统村落面临着许多挑战。一方面，许多传统村落因为缺乏资金和政策支持，无法得到有效的保护和修缮；另一方面，许多年轻人选择离开乡村，导致传统村落的人口流失严重，传统文化的传承面临困境。因此，我们需要采取有效的措施来保护和传承传统村落。

政府应该加大对传统村落的保护力度，制定相应的政策法规，为传统村落的保护提供资金和政策支持。同时，可以引入社会力量参与保护工作，鼓励企业和个人捐赠资金，为传统村落的修缮和保护提供帮助。同时加强传统文化的传承和教育。可以通过举办传统文化培训班、开展传统文化讲座等形式，提高村民对传统文化的认识和保护意识。同时，可以鼓励村民学习传统手艺，传承传统文化，让传统村落焕发新的生机。

同时我们可以加强宣传和推广。可以通过媒体、网络等渠道，宣传传统村落的历史文化价值，提高公众对传统村落的认识和关注度。同时，可以组织参观传统村落的活动，让更多的人了解和感受传统村落的魅力。

王春兴（上海院 建筑师）

F10 回得去的乡村：上海大学崇明区乡村风貌民居调研感悟

本次调研的调研内容为崇明区的特色民居村落风貌调研普查。通过对各个村落的走访、调研、访谈和现场勘察，发现了不同村落各自的风貌、发展情况和民风民俗。我们调研的村落主要分为三个类型：特色风貌村、乡村振兴村、普通村。特色风貌村一般建设较好，且有自己独特的发展产业，旅游资源也较为丰富。乡村振兴村主要为近几年发展较好的乡村，其通过改建项目等，使得整体村落基础设施更为完善。普通村虽可能在某些方面没有前两者建设得好，但每个村落内都会有特别的历史建筑、民居、人文等风貌特色。

首先，崇明区的生态环境令人印象深刻。这不仅因为崇明区本身的地理环境十分具有优势，更是因为崇明区每个村落都对生态环境作出了巨大贡献。许多村落的产业以水稻为主，还有一部分会以种植工业林为主。同时，崇明区生态自然环境也使得很多村落可以依托于相关旅游业进行民宿产业发展，这给村落的经济发展带来了向上的趋势。

其次，崇明区也有着丰富的历史文化风貌，在物质和非物质文化层面上均有体现。崇明地区自成陆起，移民自四方而来，岛内文化融合，建筑形式兼具南北建筑特点。基于沙岛初始地理环境恶劣，改土治水需求显著，对岛上建筑也产生不小影响，逐步形成结合地理环境的独特沙岛建筑特点。村镇内的建筑肌理皆以岛内道路相互联系，建筑分布以道路为中心向四周发散。与各自田地结合形成点状分布：集镇区建筑密度显著提升，以主要道路为骨密集排布。

调研对村落中的老建筑格外关注，每当发现和看到保存较为完好的老宅时，大家会十分欣喜，相互分享。一些保存较为完好的老宅周围建有宅沟，建筑的主要特点也是合院形式。宅沟是基于土地改造活动产生的，兼有防汛防盗防火养殖等多种功能，是传统农耕文化智慧的体现。同时，宅沟可用于及时救援失火，其内亦可进行鱼鸭养殖，因此宅沟对于以前的传统民居是不可或缺的。一般来说，经济宽裕者四沟环绕，经济拮据则仅掘东西向一沟。例如，排衙村内部保存了许多老宅，通济村内部的老街也别具风味，通过村干部的描述，似乎可以见到当初老街人来人往的热闹模样。这些古老的建筑承载着历史的记忆。

有的崇明民居会使用观音兜。观音兜山墙多见于江南民居，随移民迁徙流入崇明地区。现存民居中有部分观音兜山墙留存，其山墙曲势多起于靠近脊檩的金檩处，为半观音兜。

崇明的许多老宅中还住着当地的居民。老宅是他们的依靠和家，他们是老宅的守护者。他们中有些是手艺人，有些是中医世家等等。他们既传承着非物质的手艺，也守护着物质的历史风貌建筑。各个村落的生活也十分淳朴，村民待人也十分热情，时有热情分享自家水果等情形。

崇明区的非遗文化和特色也是崇明风貌中很重要的一部分，崇明的灶花、土布、芦苇编，还有崇明的特色饮食和制作手艺，如崇明米糕、老白酒等，都构成了崇明丰富的文化。

另外，崇明也在可持续发展方面取得了一些令人瞩目的成就。岛上有大面积的农田和渔业资源，这些资源得到了合理的管理和利用。农田里有机蔬菜和水果的种植、"渔光互补"项目、风力发电等，他们在追求经济效益的同时，也注重生态平衡和资源的可持续利用。

在崇明的调研中，我们深刻体会到自然与文化的重要性以及可持续发展的紧迫性。我们要努力保护自然环境，传承历史文化，同时寻找经济和生态的平衡。崇明岛是一个充满希望的地方，也是一个值得我们共同关注和呵护的宝贵资源。希望未来能够看到更多关于崇明可持续发展和特色风貌延续和留存的成功故事。

经过了大半个月的调研，告别崇明时已是八月下旬，"江畔何人初见月？江月何年初照人？"这颗长江口的明珠何时放射出更加绚丽的光彩？而现在，"生态明珠，海上花岛"的崇明已然上路，正在"上下而求索"……

薛平、徐永信、曾逸琳（上海大学 研究生）

附录G
参考文献

[1] 堡镇志编纂委员会.堡镇志 [M].上海：上海科学普及出版社,2022.

[2] 蔡健.上海市崇明县中兴镇志 [M].上海：上海社会科学院出版社,2009.

[3] 长兴镇志编纂委员会.长兴镇志（2005—2016）[M].上海：上海科学普及出版社,2023.

[4] 崇明区档案局（馆），崇明区地方志办公室，上海市崇明文史研究会编·崇明历史名人传略 [M].上海：上海人民出版社,2018.

[5] 陈志超.横沙乡韵 [M].北京：团结出版社,2018.

[6] 城桥镇志编纂委员会.城桥镇志 (2001—2016)[M].上海：上海人民出版社,2024.

[7] 港西镇志编纂委员会.港西镇志:2001—2016[M].上海：上海科学普及出版社,2021.

[8] 顾伟达编著.丰乐村村史 [M].上海：上海大学出版社,2018.

[9] 胡险峰，邓武.上海市河道（湖泊）报告.2022[R].上海市水务局,2022.

[10] 黄元章.长兴沙往事 [M].北京：团结出版社,2016.

[11] 林宏.7—20世纪崇明沙洲变迁新探 [J].中国历史地理论丛,2023,38(3):5-19.

[12] 绿华镇志编纂委员会.绿华镇志 [M].上海：上海科学普及出版社,2021.

[13] 庙镇志编纂委员会.庙镇志 (2001—2016)[M].上海：上海人民出版社,2023.

[14] 上海崇明向化镇镇志编委会.向化镇志 [M].上海：上海三联书店,2007.

[15] 上海市规划和自然资源局编著.上海乡村空间历史图记 [M].上海：上海文化出版社,2022.

[16] 上海市规划和自然资源局编著.上海乡村传统建筑元素 [M].上海：上海大学出版社,2019.

[17] 魏嵩山.崇明岛的形成、演变及其开发的历史过程 [J].学术月刊,1983(4):74-77+54.

[18] 新村乡志编纂委员会.新村乡志 [M].上海：上海人民出版社,2023.

[19] 新河镇志编纂委员会.新河镇志（2001—2016）[M].上海：上海科学普及出版社,2023.

[20] （清）杨樽编.瀛洲诗钞 [M].上海：上海社会科学院出版社,2017.

[21] 尹继佐总主编.民俗上海 崇明卷 [M].上海：上海文化出版社,2007.

[22] 余智华.崇明岛滩涂围垦与驱动要素研究（1949—1988）[D].上海师范大学,2020.

[23] 张利钧本卷主编.话说上海 崇明卷 [M].上海：上海文化出版社,2010.

[24] 张利钧，朱鑫德主编.崇明县志 1985—2004[M].北京：方志出版社,2013.

[25] 张帅.上海崇明岛人居环境变迁调查 [C]//中国海洋学会.中国海洋学会 2013 年学术年会第 13 分会场论文集.[出版者不详],2013:1.

[26] 中共上海市宝山区横沙乡委员会，上海市宝山区横沙乡人民政府.横沙乡志 1985—2004[M].上海：上海市印刷七厂,2006.

[27] 周振鹤主编.上海历史地图集 [M].上海：上海人民出版社,1999.

[28] 周之珂主编.上海市崇明县县志编纂委员会编.崇明县志 [M].上海：上海人民出版社,1989

[29] 朱鑫德主编.崇明县志:2005—2016[M].上海：上海人民出版社,2022.

附录H
后记

　　本书稿为《沪派江南营造系列丛书》丛书崇明区卷，由中国城市规划设计研究院上海分院负责，华建集团上海建筑设计研究院有限公司和上海大学团队协同编制。

　　本书在前期调研和编写过程中，上海市规划和自然资源局、崇明区规划和自然资源局给予鼎力支持和指导，崇明区文化和旅游局、崇明区档案局（馆）、崇明区农业农村委、上海市测绘院等提供大量技术支撑，各乡镇、各村村委、村民给予大力配合，专业学者、业界同行赐予宝贵建议，在此表示诚挚的感谢。

　　本次调研普查和研究工作的目的之一是对崇明乡村价值和特色风貌的再认识。奔流不息的长江挟泥沙东流入海，崇明历经无数次的涨坍变幻和飘忽游弋，在明末清初涨连成东起高头沙西至平洋沙，长近二百里、宽四十里的一个大岛。20 世纪 60 年代，人们与江海较量，通过围垦划分均质的农场，建立西引东排、如鱼脊状的骨干水系，促使岛中呈现"广袤农田横平竖直、聚落纵横依于河渠"的风貌景象。海风伴着淤积漫滩边的茫茫芦苇，村庄融于广袤农田中，一派膏腴万顷的壮阔景观，崇明展现出和冈身以西地区的平原溇港、桑基圩田、"小桥流水人家"所不一样的江南气质，蕴藏着与生俱来的江海激荡和从容包容。

　　面向更未来的 2035，崇明有着更高的使命，它必然要时刻思考如何在世界级生态岛的目标下做好大都市远郊地区乡村和谐发展的试验地，塑造大江南水乡聚落的人居环境典范。而我们应守住崇明博大精深的传统文脉和乡村价值，用文化寻根寻踪，与山水自然为善，尽之所能，或倾力营村，或泽一方民众。

　　希望本卷不仅仅是一册涵盖崇明地区村庄格局、聚落肌理、风貌特色、自然特征等内容的夯实记录，更是一幅能够展现崇明独特风貌和乡村生命力的生动画卷。本次调研普查和研究工作的结束不是终点，我们将持续跟踪和陪伴乡村成长和发展，协力共护沪派江南乡村的魅力胜景。

　　最后，谨以此书献给所有喜爱上海乡村的读者。

图书在版编目（CIP）数据

上海乡村聚落风貌调查纪实. 崇明卷 / 上海市规划
和自然资源局编著. -- 上海：上海文化出版社，2024.
9. --（沪派江南营造系列丛书）. -- ISBN 978-7-5535
-3046-8

Ⅰ. K925.15

中国国家版本馆CIP数据核字第2024FX0958号

出 版 人　姜逸青
责任编辑　江　岱　王宇海
装帧设计　孙大旺　万秀娟　劳嘉诺

书　　名　上海乡村聚落风貌调查纪实·崇明卷
作　　者　上海市规划和自然资源局　编著
出　　版　上海世纪出版集团　上海文化出版社
地　　址　上海市闵行区号景路 159 弄 A 座 3 楼　201101
发　　行　上海文艺出版社发行中心
地　　址　上海市闵行区号景路 159 弄 A 座 2 楼　201101
印　　刷　上海雅昌艺术印刷有限公司
开　　本　889mm×1194mm　1/16
印　　张　11.75
版　　次　2024 年 9 月第 1 版　2024 年 9 月第 1 次印刷
书　　号　ISBN 978-7-5535-3046-8/TU.038
审 图 号　沪S〔2024〕111号
定　　价　118.00 元

告 读 者　如发现本书有质量问题请与印刷厂质量科联系。联系电话：021-68798999